I0001340

((o))

DICTIONNAIRE

DES

EAUX MINÉRALES

DU

DÉPARTEMENT DU PUY-DE-DOME.

CLERMONT, IMPRIMERIE DE THIBAUD-LANDRIOT FRÈRES.

DICTIONNAIRE

DES

EAUX MINÉRALES

DU DÉPARTEMENT

DU PUY-DE-DOME,

Par V. NIVET,

Docteur en Médecine de la Faculté de Paris, Professeur adjoint à l'École prépara-
toire de Médecine et de Pharmacie de Clermont-Ferrand, ancien Interne en médecine, en chirurgie et en pharmacie des Hôpitaux civils de Paris, Membre de
l'Académie royale des Sciences, Belles-Lettres et Arts de Clermont-Ferrand,
Membre honoraire de la Société anatomique, Membre correspondant de la Société médicale du Temple, de la Société médicale d'Émulation, de la Société mé-
dico-pratique de Paris, de la Société de Médecine de Hambourg, etc.

ACQUISITION
N° 59,777

CLERMONT,

LIBRAIRIE D'AUGUSTE VEYSSET,

Rue de la Treille, 14.

1846.

A Monsieur Orfila,

Membre du Conseil royal de l'Instruction publique, Doyen de la Faculté de Médecine de Paris, Membre du Conseil Académique, du Conseil de Salubrité; Médecin consultant de S. M. le Roi des Français, Membre correspondant de l'Institut, Membre de l'Académie royale de Médecine, &c.....

Son très-humble et très-reconnaissant Serviteur,

V. Hivel,

D. M. P.

AVERTISSEMENT.

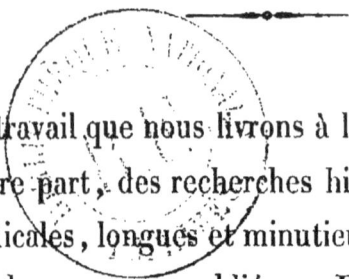

Le travail que nous livrons à la publicité, a exigé, de notre part, des recherches historiques, chimiques et médicales, longues et minutieuses. Après avoir extrait, des ouvrages publiés en France, depuis 1605 jusqu'à nos jours, des documents précieux; nous avons parcouru une grande partie de la Basse-Auvergne, demandant aux médecins, aux pharmaciens et aux naturalistes des renseignements sur les fontaines minérales inconnues des auteurs anciens; étudiant leur température, les terrains d'où elles sortent et les dépôts qu'elles abandonnent.

Nous avons également recueilli sur les lieux, ou reçu par l'intermédiaire de personnes en qui nous avons toute confiance, des échantillons d'eaux médicinales qui ont été analysées avec le plus grand soin.

Il eût été utile de classer méthodiquement les matériaux rassemblés par nous. Malheureusement des obstacles nombreux nous ont empêché d'accomplir cette tâche difficile.

Pour faire une bonne classification des eaux minérales, on doit prendre en considération : 1°. leur température; 2°. la nature et la proportion des sels

et des gaz qu'elles tiennent en dissolution. Si nous
avions adopté une pareille base, il en serait résulté
que le même village, la localité la plus circonscrite,
nous aurait fourni la matière de deux ou trois articles.
Dans plusieurs endroits, en effet, des sources froides
jaillissent à côté d'autres sources tièdes ou chaudes;
des fontaines simplement acidules avoisinent des fontaines plus ou moins salines. Ces répétitions eussent
été fastidieuses pour le lecteur et sans profit pour son
instruction.

Un chapitre aurait nécessairement été consacré aux
eaux minérales dont la composition est inconnue, et
les propriétés médicinales douteuses; ce chapitre eût
été dénué de tout intérêt. Nous avons évité ces écueils
en réunissant, dans un même article, toutes les sources
appartenant à la même commune. Il est nécessaire
cependant de signaler les dissemblances principales
que peuvent offrir les eaux les plus connues et les
plus abondantes. C'est pour atteindre ce but impor-
tant que nous avons établi les divisions suivantes :

CLASSIFICATION DES SOURCES MÉDICINALES
DU DÉPARTEMENT DU PUY-DE-DOME.

1°. *Fontaines froides contenant une notable quantité de sulfure de sodium et d'hydrogène sulfuré; de*

l'acide carbonique et beaucoup de sels solubles et ter-
reux (1).

Source du puy de la Poix, commune de Clermont-F^d.

2°. *Fontaines froides contenant de l'eau pure et*
de l'acide carbonique.

Sources de Lafayole, c. de St-Amant-R.-S.
    du Tambour, c. du Mont-d'Or.
    de Sainte-Marguerite, c. du Mont-d'Or.
    des Roches (grande source), c. des Martres-
        de-Veyre.

3°. *Fontaines acidules et ferrugineuses froides.*

Source de Thiers.

4°. *Fontaines froides renfermant moins d'un*
gramme de substances salines, et dans lesquelles
l'acide carbonique et le carbonate de fer sont les élé-
ments thérapeutiques les plus actifs.

Sources d'Arlanc.
    de Lagarde, c. du Chambon.

---

(1) Les sources minérales de la Bourboule, de Châteanneuf,
de St-Nectaire, de Thiers, contiennent une proportion indéterminée d'hydrogène sulfuré; mais elle est si minime, qu'on peut,
sans inconvénient, ranger ces eaux parmi les eaux acidules.

Sources du Cornet, c. de Glaine-Montaigut.

  de Chanonat.

  de Grandrif.

  de Sagnetat, c. de Job.

  de la Bécherie, c. de Job.

  de la Couche, c. de Job.

  de la Villetour, c. de Besse.

5°. *Fontaines dans lesquelles l'analyse a signalé la présence de l'acide carbonique, des bicarbonates de soude, de chaux, de magnésie et de fer, d'un peu de sulfate de soude et de silice, et, pour quelues-unes, d'une quantité minime d'alumine ou d'hydrogène sulfuré.*

A. *Fontaines contenant moins de deux grammes de substances salines par litres d'eau et faisant monter le thermomètre à plus de* ⊹ 36° *centigrades.*

Sources salines du Mont-d'Or.

B. *Fontaines renfermant plus de deux grammes de sel, et marquant plus de* ⊹ 36° *centigrades.*

Sources de la Bourboule, c. de Murat-le-Q. (gr. bain).

  de Saint-Nectaire.

  de Châteauneuf (grand bain et bain tempéré).

C. *Eaux minérales abandonnant un résidu pesant plus de deux grammes et dont la température varie entre* + 30 *et* + 36° *centigrades.*

Sources de Sainte-Marguerite, c. de Saint-Maurice.

       dans la rivière, c. de Saint-Maurice.

       des Fièvres, c. de Murat-le-Quaire.

       de Saint-Mart, c. de Chamalières.

       du bain de César, c. de Royat.

       de Royat.

       du Bain Auguste, c. de Châteauneuf.

       de la Rotonde, c. de Châteauneuf.

       du Bain frais, c. de Châteauneuf.

       du Bain du Petit-Rocher, c. de Châteauneuf.

       de Chevarier, c. de Châteauneuf.

D. *Fontaines marquant* + 24° à + 30° (1), *et contenant plus de deux grammes de sels par litre d'eau.*

Sources du Tambour, c. des Martres-de-Veyre.

       du Saladi, c. des Martres-de-Veyre.

       de Saint-Martial, c. des Martres-de-Veyre.

       du Gravier, c. de Saint-Maurice.

_____

(1) Dans nos observations nous nous sommes toujours servi du thermomètre centigrade.

Sources de Saint-Alyre, c. de Clermont.

       de Rouzat, c. de Beauregard-Vandon.

E. *Sources froides tenant en dissolution un à deux grammes de sels.*

Sources de la Reveille, c. de Sauxillanges.

       d'Enval, c. de Saint-Hipolyte.

       de la Pique, c. du Chambon.

       de Châteldon.

       de Javelle, c. de Bromont.

F. *Sources froides renfermant plus de deux grammes de sels par litre d'eau.*

Sources du Montcel ou de Laschamps.

       du Champ des Pauvres, c. de Clermont

       de Sainte-Claire, c. de Clermont.

       de Jaude, c. de Clermont.

       des Roches, c. de Chamalières.

       de Châteaufort, c. de Chapdes-Beaufort.

       de Beaulieu.

       d'Augnat ou de Barrège.

       de Ternant.

       de Saint-Myon.

       de Lacroix, c. de Châteauneuf.

       de Lagarenne, c. de Châteauneuf.

Sources du Petit Rocher, c. de Châteauneuf.

du Moulin, c. de Châteauneuf.

de la Pyramide, c. de Châteauneuf.

de Désaix, c. de Châteauneuf.

de Courpière ou de Rhodias.

de Bard, c. de Boudes.

des Grèves, c. de Saint-Maurice.

On doit ajouter à cette liste plusieurs sources froides de Saint-Nectaire et du Saladi.

6°. *Les fontaines désignées dans ce groupe diffèrent des précédentes en ce qu'elles ne présentent point de traces sensibles de bicarbonate de soude.*

Sources de Châtelguyon, température +- 25 à 35°.

de Gimeaux,   +- 24°.

7°. *Sources dont la composition est inconnue* (1).

Nous ne donnerons pas plus d'étendue à ces préliminaires, nous réservant de publier bientôt un second travail sur la théorie, l'analyse (2), l'aménagement

---

(1) Deux de ces fontaines sont thermales, ce sont celles de Corne et du Chambon (source chaude de la vallée de Chaudefour).

(2) Le *chiffre total* placé au bas de nos *analyses trouvées* a été obtenu en évaporant un litre d'eau minérale. Le résidu a été chauffé fortement dans une capsule en porcelaine, placée au-dessus d'une bonne lampe à huile.

et les effets thérapeutiques comparés des eaux minérales froides et thermales de la Basse-Auvergne. Nous
ne pouvons terminer cependant sans avertir les bibliophiles, que nous avons omis, avec intention, de
citer beaucoup d'analyses et plusieurs renseignements,
soit parce qu'ils ont été imprimés récemment dans le
journal de l'Académie de Clermont-Ferrand, soit
parce qu'ils ne nous ont point paru suffisamment
utiles ou exacts.

DICTIONNAIRE

DES

EAUX MINÉRALES

DU

DÉPARTEMENT DU PUY-DE-DOME.

AIGUEPERSE et CHAPTUZAT (1).

SUR les pentes orientales du coteau de la Bosse,
on voit, au-dessus du chemin qui conduit au village
de Bens, un terrain pénétré de suintements ferrugineux et couvert de roseaux. Vers l'extrémité méridionale de ce marécage, des ronces et des arbrisseaux
cachent une petite source incrustante. Le canal d'où
elle sort est creusé au-dessous d'un massif de traver-

---

(1) La source d'Abein n'est pas, comme on l'a écrit, *dans les
montagnes de la Croix-Morand et du Mont-d'Or ;* elle est située
dans la commune de Condat ou de Marcenat, et près de l'ancienne abbaye de Féniers (Cantal).

tin d'origine récente. Le sommet de la colline, au
contraire, appartient à l'époque tertiaire. Il est couronné par le château de la Roche (1), dont les vieilles
tours reposent sur des pierres poreuses ressemblant
à des mousses, des conferves et des friganes incrustées. Ces deux espèces de roches offrent des rapports
si nombreux, qu'on peut supposer, sans invraisem-
blance, qu'elles ont une origine commune, et qu'elles
diffèrent seulement en ce que les premières se sont
formées avant, et les secondes après l'évacuation des
eaux du lac de la Limagne.

On observe, en outre, près de l'église de Chaptuzat, au-dessus du domaine de Saint-Mayard, deux
minces filets d'eau minérale calcaire et martiale.
(Panchaud, docteur-médecin.)

A Aigueperse, quelques puits creusés dans le faubourg de Gannat, se sont remplis d'eau minérale acidule impure. La saveur de cette eau est légèrement
bitumineuse. (H. Lecoq.)

Ces suintements et ces sources sont les restes des
fontaines plus abondantes qui ont déposé les masses
considérables de calcaires à friganes formant l'étage
supérieur des collines du château de la Roche, des
carrières de Chaptuzat et de la Roche-Verjat.

---

(1) Le chancelier de l'Hospital est né dans ce château, en 1504
ou 1505.

ALAGNAT et CEYSSAT.

Dans le village de Ceyssat, près du four banal (1),
on rencontre une petite source froide, légèrement
chargée d'acide carbonique et qui n'abandonne aucun
dépôt ferrugineux ou calcaire.

ALYRE (SAINT), voyez CLERMONT.

AMBERT.

Trois des fontaines acidules de la commune d'Ambert sortent des argiles : ce sont celles de la Gerle,
de Rodde et de Lachons. Elles sont froides, peu gazeuses et peu abondantes. Leur saveur est argileuse
et un peu aigrelette.

La quatrième fontaine, celle de Talaru, s'échappe
des terrains cristallisés.

1°. La source de la Gerle, enfermée dans une maisonnette, est placée, au milieu des prairies, sur la rive
droite d'un ruisseau, à l'est et à une petite distance de
la ville d'Ambert. Le bassin qui la reçoit, a la forme
d'un carré long. Des bulles d'acide carbonique la traversent ; elles sont rares et partent de plusieurs fentes
isolées.

2°. L'eau du hameau de Rodde ressemble à celle

_____

(1) Renseignements du docteur Mercier, de Rochefort.

de la Gerle, sa température est de +- 11 à +- 12°
centigrades.

3°. La petite source de Lachons vient sourdre à
un kilomètre nord de la ville d'Ambert, entre la route
de Clermont et la rivière de la Dore; elle était submergée quand nous avons visité les lieux. Les paysans
du voisinage assurent qu'elle guérit la fièvre.

4°. La papeterie de Talaru est placée dans la vallée
de Valeyre, sur le revers occidental des montagnes
du Forez, et près de la commune de St-Martin-des-
Olmes. On y trouve une fontaine acidule et ferrugineuse. Elle ressemble, dit-on, à celle de Grandrif.

5°. Nous devons rappeler ici un fait raconté par Legrand-d'Aussy, parce qu'il vient à l'appui des observations, recueillies par nous, dans les communes de
Clermont, de Chaptuzat et de Volvic, sur la stérilité
des terres traversées par des suintements d'eaux minérales ou des courants d'acide carbonique. En 1788
« il existait près de la chaussée (d'Ambert), sur le
chemin de Clermont, un champ labouré dans lequel
on remarquait un endroit qui n'avait jamais pu rien
produire, quelque soin qu'on prît de le cultiver. Le
propriétaire, curieux de connaître d'où provenait cette
infécondité, fit une fouille; mais ayant trouvé l'eau à
quatre ou cinq pieds, il s'arrêta et n'alla pas plus loin.»
Les choses en étaient là lorsque Legrand fut conduit
sur les lieux. Il vit un trou bourbeux à travers lequel
s'échappaient des bulles de gaz. Au goût, l'eau de ce

trou avait la saveur de la vase ; mais elle rougissait la teinture de tournesol, ce qui annonçait la présence de l'acide carbonique (1).

ARDES.

Quelques petites sources minérales se font jour dans la vallée de la Couze, au nord-est et à une petite distance de la ville d'Ardes. L'une d'elles plus abondante avait donné à son propriétaire, M. Girard, des espérances qui ne se sont pas réalisées.

ARLANT ou ARLANC.

Le bourg d'Arlanc est bâti à l'extrémité méridionale du joli bassin du Livradois, à 95 kilomètres de la ville de Clermont, sur un monticule dont le pied est baigné par la Dolore. Deux fontaines minérales jaillissent près de ce bourg, à côté de la route de Nîmes. L'une d'elles a été décrite par M. Bravard-Deriols. Elle fournit une eau froide, abondante, limpide et incolore. Sa saveur aigrelette et piquante ressemble à celle de l'eau de Seltz. Les dépôts qui l'entourent sont rougeâtres et ferrugineux. Voici l'analyse qu'en a faite Barruel, chef des travaux chimiques de la faculté de médecine de Paris (2) :

---

(1) Voyage fait en 1787 et 1788, dans la ci-devant Haute et Basse-Auvergne. Paris, an III, t. 2, p. 279.

(2) Thèses de Paris, 1837, n° 338.

Analyse trouvée.	Gram.	Analyse calculée.	Gram.
Carbonate de soude. . .	0,2720	Bicarbonate de soude. .	0,3840
Chlorure de sodium. . .	0,0440	Chlorure de sodium. . .	0,0440
Carbonate de magnésie.	0,1250	Bicarbon^te de magnésie.	0,1860
— de fer. . . .	0,0550	— de fer. . . .	0,0750
— de chaux. . .	0,1460	— de chaux. . .	0,2090
Silice	0,2500	Silice	0,2500
Matière organique. . . .	traces.	Matière organique . . .	traces.
Total des sels par litre d'eau. . . .	0,8920	Total des sels par litre d'eau. . . .	1,1480

Cette analyse prouve que la source d'Arlanc est très-
peu chargée de sels, et que le fer et l'acide carbonique
sont les seuls éléments thérapeutiques, renfermés dans
ce liquide, qui puissent avoir une action marquée sur
l'économie. Les eaux minérales de cette commune sont,
pour les paysans, une panacée universelle qu'ils appliquent à toutes les maladies chroniques. Elles conviennent dans les affections atoniques du tube digestif, dans l'anémie et la chlorose.

M. Bravard ajoute à cette liste les gastralgies, l'hypochondrie, l'anaphrodisie, la stérilité, le scorbut,
les scrofules, les hydropisies, les affections calculeuses
et les fièvres intermittentes rebelles.

AUGNAT.

Cette commune possède deux fontaines acidules.
Elles avoisinent le moulin de Barrège, dont elles portent le nom.

La première est à une petite distance de la route

d'Ardes, sur la rive droite de la Couze; la seconde
est sur la rive gauche, et à trente ou quarante pas de
la rivière (1):

Ces eaux minérales sont froides et moussent un peu
quand on les agite. Leur saveur est acidule et légèrement alcaline.

Elles sortent d'une roche granitique, et le sédiment
qu'elles abandonnent est rougeâtre et limoneux (2).

M. Cusson nous a adressé un litre d'eau puisé à la
première source; elle renferme les substances suivantes:

Analyse trouvée.	Gram.	Analyse calculée.	Gram.
Carbonate de soude. . .	0,9350	Bicarbonate de soude. . .	1,3314
Sulfate de soude.	0,0920	Sulfate de soude	0,0920
Chlorure de sodium. . .	0,6630	Chlorure de sodium. . .	0,6630
Carbonate de magnésie.	0,1700	Bicarbon^{te} de magnésie.	0,2578
— de fer. . . .	0,0300	— de fer. . . .	0,0415
— de chaux. . .	0,3800	— de chaux. . .	0,5460
Silice	0,2000	Silice	0,2000
Matière organique. . .	traces.	Matière organique. . .	traces.
Perte	0,0300	Perte	0,0300
TOTAL des sels par litre d'eau. . . .	2,5000	TOTAL des sels par litre d'eau. . . .	3,6117

On peut administrer les eaux de Barrège aux personnes qui sont affectées de chlorose, d'anémie,

_____

(1) Renseignements fournis par M. Cusson, pharmacien à
Saint-Germain-Lembron.

(2) Renseignements de M. Tafanel, médecin à Ardes.

d'engorgements de la rate ou du foie, et de gravelle. Déjà les médecins du pays les prescrivent aux chlorotiques et aux individus dont les digestions sont lentes et difficiles.

BARBECOT, voyez BROMONT.

BARD, voyez BOUDES.

BARRÈGE, voyez AUGNAT.

BEAUREGARD-VANDON.

Deux sources acidules viennent sourdre sur le territoire de la commune de Beauregard-Vandon. La moins abondante est froide. Elle est au milieu des vignes et à droite du chemin conduisant au château de Rouzat. On l'a enfermée récemment dans un puits carré en maçonnerie.

La fontaine du petit établissement thermal, créé, il y a quelques années, par M. de Lauzanne, est très-abondante. Quand le vaste réservoir où elle se rassemble est plein, elle fait monter le thermomètre centigrade à + 30 ou + 31°. L'eau minérale vue en masse est légèrement louche, mais elle paraît claire et limpide lorsqu'elle est reçue dans un vase de petite dimension. Elle est continuellement soulevée par un courant d'acide carbonique. Le réservoir est recouvert d'un plancher, au-dessus duquel une pompe aspirante et foulante, sert à conduire le liquide minéral à la chaudière munie de soupapes de sûreté, où elle est

soumise à l'action directe du feu. Deux conduits métalliques amènent l'eau réchauffée et l'eau minérale
naturelle dans huit cabinets renfermant chacun une
baignoire en bois, et des douches descendantes et ascendantes (1844).

La grande fontaine de Rouzat a déposé des couches
fort épaisses de calcaires bleus ou grisâtres au milieu
desquelles se trouvent des géodes ou des couches d'a-
ragonite blanche fibreuse ou cristallisée. En creusant
autour d'elle on a découvert des restes d'établissement
thermal, des fragments de vases et de tuiles en terre
rouge, et divers autres objets qu'on nous a dit être
d'origine romaine ?

Nous avons étudié la composition chimique de la
source thermale, nous allons indiquer les résultats de
notre examen :

Analyse trouvée.	Gram.	Analyse calculée.	Gram.
Carbonate de soude. . .	0,2550	Bicarbonate de soude. .	0,3606
Sulfate de soude.	0,2850	Sulfate de soude	0,2850
Chlorure de sodium. . .	1,0080	Chlorure de sodium. . .	1,0080
Chlorure de magnesium.	traces.	Chlorure de magnesium.	traces.
Carbonate de magnésie.	0,0499	Bicarbon^{te} de magnésie.	0,0757
— de fer. . . .	0,0241	— de fer. . . .	0,0334
— de chaux. . .	0,9700	— de chaux. . .	1,3939
Oxide de fer à l'état de		Oxide de fer à l'état de	
crénate.	0,0100	crénate.	0,0100
Silice.	0,0850	Silice	0,0850
Matière organique . . .	traces.	Matière organique. . .	traces.
Perte.	0,1630	Perte	0,1630
TOTAL des sels par litre d'eau. . . .	2,8500	TOTAL des sels par litre d'eau. . . .	3,4146

L'eau de Rouzat est moins saline que celles de Saint-Nectaire, de la Bourboule, de Châtelguyon et de Châteauneuf, et ce défaut d'activité n'est point racheté, comme au Mont-d'Or, par une température élevée. L'appareil qui sert à réchauffer le liquide minéral est mal construit et doit nécessairement le décomposer en partie. Malgré ces circonstances défavorables, les bains de Rouzat ont été opposés avec succès aux maladies rhumatismales et scrofuleuses chroniques. L'avenir nous dira s'ils possèdent d'autres propriétés thérapeutiques.

L'établissement thermal est à 7 ou 8 kilomètres nord de la ville de Riom, à une petite distance de la route de Bourges. Un hôtel, destiné aux baigneurs, a été construit à côté des bains.

Le château de Rouzat est bâti sur le sommet d'une colline très-élevée, d'où l'on aperçoit toute la Limagne d'Auvergne, les montagnes du Forez et les monts Dômes. Cette habitation est entourée d'avenues plantées d'arbres, de jardins et de pièces d'eau.

BEAULIEU (1).

La source de Beaulieu est au sud-est du chef-lieu de la commune, au nord de Charbonnier, sur la rive gauche de l'Allagnon, au sud et à peu de distance

_____

(1) La commune de Beaulieu fait partie du canton de Saint-Germain-Lembron et de l'arrondissement d'Issoire.

du château de la Roche. Ses eaux se rassemblent dans une petite excavation, à l'entrée d'une ancienne galerie, creusée dans des roches cristallisées; mais elle vient par un canal couvert des profondeurs de la montagne. Nous n'avons pas pu découvrir le conduit par lequel son trop-plein se rend dans la rivière.

On assure que cette fontaine est intermittente. (Monnet.) Elle paraît au printemps et disparaît en automne (1).

Ce qu'il y a de certain, c'est qu'elle est froide et très-gazeuse, et qu'elle pétille comme l'eau de Seltz quand on la verse dans un verre; sa saveur est aigrelette et un peu alcaline. Voici des données approximatives sur sa composition (2).

Analyse trouvée.	Gram.	Analyse calculée.	Gram.
Carbonate de soude. . .	1,8000	Bicarbonate de soude. .	2,5454
Sulfate de soude	0,1660	Sulfate de soude	0,1660
Chlorure de sodium. . .	0,0830	Chlorure de sodium. . .	0,0830
Sels de potasse	traces.	Sels de potasse	traces.
Carbonate de magnésie.	0,0600	Bicarbon^te de magnésie.	0,0910
— de fer. . . .	0,0200	— de fer. . . .	0,0277
— de chaux. . .	0,2200	— de chaux. . .	0,3161
Silice	0,0600	Silice	0,0650
Matière organique . . .	traces.	Matière organique . . .	traces.
Perte	0,0310	Perte	0,0310
TOTAL des sels par litre d'eau. . . .	2,4400	TOTAL des sels par litre d'eau. . . .	3,3252

(1) M. Raymond, docteur-médecin à Sainte-Florine, et plusieurs autres personnes, nous ont affirmé que le fait avancé par Monnet est parfaitement exact.

(2) Nous avons opéré sur une très-petite quantité d'eau, un quart de litre.

Monnet prétend que l'eau de Beaulieu purge certains sujets, et qu'elle est utile dans les obstructions et les fièvres intermittentes, rebelles à l'action du quinquina. On la conseille également aux chlorotiques et aux malades dont les digestions sont languissantes. Il nous semble qu'on pourrait la prescrire avec avantage aux goutteux, aux graveleux et aux calculeux.

BEAUREPAIRE, voyez CLERMONT.

BESSE.

« A deux portées de mousquet de cette ville, sur le chemin qui conduit à Notre-Dame-de-Vassivière, au pied du Mont-d'Or, on trouve une source vis-à-vis une petite chapelle et assez près du ruisseau ; cette source n'est pas considérable, et souvent se trouve altérée par l'eau de ce ruisseau, lorsqu'il arrive des inondations. » (Chomel.)

Elle porte, dans le pays, le nom de fontaine de la Villetour (1). Elle s'échappe au-dessous d'une coulée de lave, et sa température est de -+- 9 à -+- 10°. (Lecoq.)

Cette eau minérale est acidule, alcaline et ferrugineuse. La quantité de sels qu'elle contient s'élève

---

(1) Au-dessus de la fontaine de la Villetour, dans la même vallée, on remarque une autre source minérale froide très-peu abondante.

à 1/645 de son poids; ou à 155 centigrammes par litre de liquide. (Duclos.) Chomel a obtenu un résidu un peu moins considérable (1).

Ce liquide médicamenteux, d'après Pissis, intendant des eaux minérales d'Auvergne, et Bassin, médecin des eaux minérales de Clermont-Ferrand, est efficace dans les douleurs de tête invétérées, l'hypochondrie, les dérangements des digestions, les pesanteurs d'estomac, le dégoût, les inappétences et les affections nerveuses (2).

Francon assure qu'il guérit la dyspepsie, la gravelle, les affections calculeuses, et les engorgements du foie et des autres viscères du bas-ventre (3).

Nous ne comprenons pas pourquoi là chlorose ne fait point partie de cette longue liste de maladies.

La source de Besse est employée depuis bien des siècles. En 1605, on la buvait pour combattre *quelques maladies invétérées et rebelles*. (Jean Banc.)

BOUDES.

Au sud de Boudes, et à une petite distance du hameau de Bard (4), dans une vallée creusée au mi-

---

(1) Six litres d'eau lui ont donné une dragme de résidence terreuse et peu saline. Page 341.

(2) Raulin, tome 2, page 120. Paris, 1774.

(3) Notice sur les eaux minérales de l'Auvergne.

(4) Les eaux minérales citées par Bouillon-Lagrange, sous les noms de Bar et de Bard, sont les mêmes.

lieu des argiles rouges, trois sources minérales ont déposé des couches épaisses de travertins.

« La plus abondante se dégage au milieu d'une espèce d'auge formée par plusieurs grandes pierres. C'est celle dont on fait usage (1). »

La seconde s'échappe plus loin ; elle est cachée par des travertins et par les herbages d'une prairie. Nou[s] n'avons aucun renseignement sur la troisième fontaine. Les eaux de Bard sont froides, aigrelettes, pétillantes et limpides quand on les puise ; mais au bout de peu de temps, elles se troublent, deviennent un peu louches, et acquièrent une saveur alcaline désagréable (2).

Leur température, d'après M. Lecoq, est de -+- 17°, 5 centigrades ; leur trajet est marqué par un dépôt ocreux. Monnet en a extrait des carbonates de soude, de magnésie et de fer, du chlorure de sodium, de la silice et de la *sélénite*.

L'analyse que nous avons faite en 1844, nous a donné les résultats suivants (3) :

---

(1) Buc'Hoz a pris ces détails dans un mémoire lu par Monnet, de Champeix, à la société royale des sciences et belles-lettres de Clermont.

(2) Voyez le Traité des eaux minérales de Monnet. Paris, 1708.

(3) Cette eau nous a été envoyée par M. Cusson, pharmacien à Saint-Germain-Lembron. Nous en avons analysé un demi-litre.

Analyse trouvée.	Gram.	Analyse calculée.	Gram.
Carbonate de soude. . .	1,7500	Bicarbonate de soude. .	2,4548
Sulfate de soude	0,0800	Sulfate de soude	0,0800
Chlorure de sodium. . .	0,9510	Chlorure de sodium.. .	0,9510
Sels de potasse..	traces.	Sels de potasse	traces.
Carbonate de magnésie.	0,1500	Bicarbon^{te} de magnésie.	0,2275
— de fer. . . .	0,0300	— de fer. . . .	0,0415
— de chaux.. .	0,6800	— de chaux.. .	0,9772
Silice	0,1100	Silice	0,1100
Matière organique . . .	traces.	Matière organique . . .	traces.
Perte	0,1090	Perte	0,1090
TOTAL des sels par litre d'eau.. . .	3,8600	TOTAL des sels par litre d'eau. . . .	4,9510

Ces eaux purgent quelques personnes. On les oppose aux obstructions et aux fièvres intermittentes qui ont résisté au quinquina. (Monnet.) On pourrait les prescrire aussi aux chlorotiques et aux individus affectés de maladies asthéniques du tube digestif, de goutte ou de gravelle.

BOURDEL, voyez SAINT-GEORGES-DES-MONTS.

BOURG-LASTIC.

Buc'Hoz est le seul auteur qui ait parlé de la source minérale de Corne ou de Bourg-Lastic. Voici ce qu'il en dit :

« Au bas du village de Corne, sur les bords d'un ruisseau, sont des eaux thermales acidules. »

BOURBOULE, voyez MURAT-LE-QUAIRE.

BROMONT (1) et CHAPDES-BEAUFORT.

Plusieurs fontaines minérales prennent naissance sur le territoire de ces communes. Elles appartiennent au bassin de la Sioule, et s'échappent des roches cristallisées. Quelques-unes ont été désignées par les auteurs sous le nom d'*eaux minérales de Pontgibaud*. Les plus importantes sont au nombre de cinq, deux appartiennent à la commune de Bromont, elles sont à gauche de la rivière; les autres jaillissent sur la rive opposée, et dans les dépendances de la commune de Chapdes-Beaufort.

A. *Eaux minérales de la commune de Bromont.*

1°. Fontaine de Javel ou de Javelle.

La source de Javelle, signalée autrefois par Jean Banc et Duclos, n'a commencé à être connue à Clermont qu'en 1770. Le docteur Delarbre en ayant obtenu de bons résultats, alors qu'il exerçait la médecine à Pontgibaud, l'a mise en vogue à cette dernière époque.

Elle est placée sur la rive gauche de la Sioule, très-près d'un petit ruisseau, et au sud des prairies marécageuses d'Enchal. Le bassin entouré de murs

---

(1) Au-dessous du village de Bromont, dans la direction de Mont-Ribeyre, près d'une auberge, on a découvert, il y a quelques années, les restes d'un établissement de bains. Il n'existe aucune source près de ces ruines. (Ledru, architecte.)

qui la recevait, est dégradé, et les eaux d'irrigation y pénètrent. Dans son état de pureté, l'eau de Javelle est transparente, incolore et gazeuse. On voit autour d'elle un sédiment ocracé pulvérulent. Sa température, d'après Mossier, est de + 13° centigrades. Elle a été analysée par MM. Blondeau et Henry dont nous allons reproduire les recherches intéressantes (1) :

Analyse trouvée.	Gram.	Analyse calculée.	Gram.
Carbonate de soude. . .	0,6146	Bicarbonate de soude. .	0,8790
Sulfate de soude	0,1320	Sulfate de soude.	0,1320
Chlorure de sodium. . .	0,1200	Chlorure de sodium. . .	0,1200
— de potassium..	traces.	— de potassium..	traces.
Carbonate de magnésie.	0,1114	Bicarbon^{te} de magnésie.	0,1690
— de fer	traces	— de fer	traces.
— de chaux. . .	0,3115	— de chaux. . .	0,4490
Silice	0,0850	Silice	0,0850
Matière organique . . .	0,1050	Matière organique . . .	0,1050
TOTAL des sels par litre d'eau.. . .	1,4795	TOTAL des sels par litre d'eau. . . .	1,9390
		Acide carbonique. . . .	0,2550

La chlorose, la leucorrhée et diverses variétés de gastralgies et d'hydropisies ont été traitées avec succès par les eaux de Javelle.

Delarbre les conseillait aux personnes affectées d'obstructions commençantes, d'aménorrhée, de céphalalgies habituelles et de migraines. (Buc'Hoz.)

Elles sont abandonnées aujourd'hui. On leur pré-

---

(1) *Journal de Pharmacie*, 1831, tome 17.

fère les eaux de Châteaufort qui sont sur la rive opposée de la Sioule.

2°. Source de Châlusset.

En suivant le cours de la rivière, on remarque,
entre Barbecot et Pranal, des suintements et des
filets d'eau minérale assez nombreux. Plus loin et bien
au-dessous des mines, au pied d'un escarpement basaltique, on voit sourdre la fontaine de Chalusset ou
Font chaude. Ses eaux sont froides, mais un dégagement d'acide carbonique les maintient dans un état
apparent d'ébullition. Elles baignent des massifs de travertins sur lesquels Legrand-d'Aussy a rencontré autrefois des stalactites fort curieuses.

Cette eau est limpide, et ses dépôts, près de sa
sortie, sont ferrugineux et peu consistants.

Elle est recherchée des bestiaux, et comme le lieu
où elle jaillit est plus élevé que le fond de la vallée,
les bœufs et les vaches à demi-asphyxiés par le gaz
méphitique, roulent souvent jusqu'au bas de la colline et se tuent. (Legrand.)

B. *Sources de Chapdes-Beaufort.*

1°. Fontaine de Châteaufort.

Cette source acidule est cachée au milieu d'un taillis
placé entre Barbecot et Peschadoire, sur la rive droite
de la Sioule et un peu au-dessous du pont qui conduit aux mines. On a eu l'heureuse idée de l'empri-
sonner dans un petit bassin recouvert d'une pierre

hermétiquement scellée. Cette pierre est percée d'une ouverture qui reçoit un canon de fusil ouvert à ses deux bouts. L'extrémité supérieure de ce tube est recourbée et laisse sortir alternativement l'eau et les gaz ; son extrémité inférieure s'ouvre dans le bassin. Une rigole conduit ce filet d'eau à la rivière. Elle présente d'abord un sédiment rougeâtre, et plus loin des lames calcaires et de la matière organique verte.

L'eau de Châteaufort est limpide, incolore, très-gazeuse et d'une saveur aigrelette et ferrugineuse. MM. Blondeau et Henry, qui ont étudié avec grand soin les propriétés chimiques de ce liquide, en ont publié l'analyse suivante :

Analyse trouvée.	Gram.	Analyse calculée.	Gram.
Carbonate de soude. . .	0,3995	Bicarbonate de soude. .	0,5710
Sulfate de soude.	0,2040	Sulfate de soude.	0,2040
Chlorure de sodium. . .	0,1580	Chlorure de sodium. . .	0,1580
— de potassium..	traces.	— de potassium..	traces.
Carbonate de magnésie.	0,3594	Bicarbon^{te} de magnésie.	0,5460
— de fer. . . .	traces.	— de fer	traces.
— de chaux. . .	0,5101	— de chaux.. .	0,7330
Silice	0,0600	Silice	0,0600
Matière organique . . .	traces.	Matière organique . . .	traces.
TOTAL des sels par litre d'eau.	1,6910	TOTAL des sels par litre d'eau. . . .	2,2720
Acide carbonique. . . .	»	Acide carbonique. . . .	0,4110

Les eaux de Châteaufort ont remplacé celles de Javelle. On les fait boire aux chlorotiques, aux personnes dont les digestions sont lentes et pénibles, à celles qui ont des gastrites chroniques, etc..... Nous

les avons employées avec succès dans ce dernier genre
de maladie.

2°. Sources de Barbecot.

La source de Barbecot est placée au milieu de la
galerie principale de cette localité. L'eau qu'elle fournit est acidule et un peu saline, calcaire et ferrugineuse.
Elle contient de la matière organique, et sa température est de + 10° centigrades. (Fournet.)

Legrand l'a goûtée; il dit qu'elle est la plus piquante
de celles qu'il a bues. Elle laisse dégager une grande
quantité d'acide carbonique.

Parmi les autres sources minérales moins importantes de Barbecot, nous devons signaler celle de la
galerie placée à côté de la cabane du père Chopine,
un peu au-dessus des bocards, sur la rive gauche de
la Sioule. Elle avoisine un filon de plomb sulfuré
argentifère et donne la colique à ceux qui en boivent.
(Fournet.)

Ces eaux ne sont point utilisées.

3°. Fontaine de Pulvérière ou de Vareilhe.

Elle est à trois cents mètres et à l'est-sud-est du
village de Chapdes-Beaufort. L'eau de cette source
est froide, acidule et ferrugineuse. Comme on trouve
souvent autour d'elle des petits animaux asphyxiés,
les montagnards l'ont désignée sous le nom de *Fontaine empoisonnée*. (Legrand.)

En somme, les sources minérales des communes
de Bromont et de Chapdes-Beaufort sont peu abon-

dantes, froides, acidules, peu salines, légèrement
ferrugineuses et calcaires. Si l'on juge de leurs effets
thérapeutiques par leur saveur et leurs qualités physiques, on doit supposer qu'elles ont toutes les mêmes
propriétés médicamenteuses. Il sera cependant nécessaire d'analyser avec soin les sources des mines de
Barbecot avant de les prescrire aux malades. Il est à
craindre, en effet, qu'elles contiennent des sels de
plomb.

CÉSAR (bains et sources), voyez ROYAT et MONT-D'OR.

CEYSSAT, voyez ALAGNAT.

CHABRIER, voyez OLLIERGUE.

CHALUSSET, voyez BROMONT et CHAPDES-BEAUFORT.

CHAMALIÈRES, voyez ROYAT.

CHAMBON (LE).

Cinq fontaines minérales peu fréquentées appartiennent à la commune du Chambon.

1°. La plus connue est celle de la Pique. Elle vient
sourdre au-dessous du hameau de Vouassière, au bord
d'un ruisseau; elle s'échappe des fentes d'un rocher,
et quand les buveurs veulent la recueillir ils la font
couler dans un verre à l'aide d'une feuille roulée en
manière de cornet (1). Un léger dépôt ferrugineux

_____

(1) Renseignements donnés par le curé du Chambon.

marque son trajet, et sa température est de +-12°
centigrades. (Lecoq.) L'eau de la Pique est limpide,
aigrelette et très-gazeuse. Quand on la mêle avec du
vin, elle donne à cette boisson un montant fort
agréable. Voici l'analyse approximative de cette source.

Analyse trouvée.	Gram.	Analyse calculée.	Gram.
Carbonate de soude. . .	0,4037	Bicarbonate de soude. .	0,5709
Sulfate de soude.	traces	Sulfate de soude	traces.
Chlorure de sodium. . .	0,0500	Chlorure de sodium. . .	0,0500
Carbonate de magnésie.	0,1200	Bicarbonᵗᵉ de magnésie.	0,1820
— de chaux. . .	0,4100	— de chaux. . .	0,5892
— de fer. . . .	qᵉmin.	— de fer. . . .	qᵉmin.
Silice	0,0600	Silice..	0,0600
Perte	0,0663	Perte	0,0663
TOTAL des sels par litre d'eau. . . .	1,1100	TOTAL des sels par litre d'eau. . . .	1,5184

On prescrit l'eau de la Pique dans la chlorose, la
dyspepsie et les céphalalgies nerveuses et sympathiques.

2°. Une autre source existe au-dessus de Vouassière, au pied d'un escarpement granitique, sur la
rive droite d'un ruisseau. (Lecoq.)

3°. La fontaine de la Garde est au milieu des prairies, à une petite distance de la route du Mont-d'Or.
Elle est traversée par un courant d'acide carbonique qui
la fait bouillonner. Comme elle se mêle à des suintements d'eau douce, elle est très-peu saline.

4°. Dans la vallée de Chaudefour, près d'une cascade, deux petites fontaines froides, acidules et fer-

rugineuses sortent entre le terrain primitif et le trachyte. (Lecoq.)

5°. Plus bas on voit, au milieu d'un autre ravin,
une source chaude qui disparaît sous les eaux du ruisseau à la suite des orages et des pluies abondantes.
Elle possède, au dire des habitants du pays, les mêmes
propriétés que les eaux du Mont-d'Or.

CHAMP DES PAUVRES, voyez CLERMONT.

CHANONAT.

A demi-lieue de Chanonat, près du chemin du Mont-
d'Or, on trouve une source assez abondante sur le penchant d'une colline exposée au midi.

Elle rougit la pierre d'où elle sort et la terre où elle
passe (1).

Cette eau est aigrelette, et contient, d'après Duclos, une quantité de sels terreux qui s'élève à
0,5524 grammes par litre d'eau (2). Sur six livres
de liquide, Chomel a retiré trente grains de résidu dont
dix grains d'un sel plus alcalin qu'acide.

Il paraît qu'il existe une autre fontaine semblable
dans la même vallée.

CHAPDES-BEAUFORT, voyez BROMONT.

CHAPTUZAT, voyez AIGUEPERSE.

---

(1) Chomel, p. 338.
(2) Duclos dit 1/1810 du poids de l'eau.

CHATEAUFORT, voyez BROMONT.

CHATEAUNEUF.

Châteauneuf est situé dans la basse montagne, sur les bords de la Sioule, à 44 kilomètres nord-nord-ouest de la ville de Clermont-Ferrand. Le pays qui l'entoure est très-pittoresque : la température de son atmosphère est douce en comparaison de celle du Mont-d'Or, mais elle est moins chaude que celle de la Limagne.

Près des sources minérales, la rivière est profondément encaissée entre deux lignes de montagnes de nature différente. Sur la rive droite s'élèvent des escarpements porphyriques, tandis que, sur la rive gauche, le sol est formé par des granites.

Ces derniers terrains ayant été fortement chauffés durant l'éruption des roches plutoniques, leur texture a été profondément altérée ; aussi se laissent-ils facilement désagréger par l'action des eaux. Cette circonstance a probablement déterminé la direction et la forme de la vallée.

Du côté de l'est, les pentes abruptes sont couvertes de buis très-courts, d'éboulements ou de débris ; ailleurs se dressent des aiguilles et des pyramides de porphyre qui surplombent des gorges et des ravins effrayants, creusés par des ruisseaux torrentueux.

Du côté de l'ouest, les premiers étages des collines

sont moins inclinés, et l'on y cultive des prairies et des céréales. Des allées d'arbres cotoient la rivière et offrent aux baigneurs d'agréables promenades.

Parmi les curiosités visitées par les touristes, nous devons signaler le Bout du Monde, le lac ou *gour* de Tazana, le bois de Saint-Bonnet et le bassin de Menat.

Les sources minérales de Châteauneuf sont fréquentées depuis un temps immémorial ; mais les renseignements que l'on possède sur leur histoire sont incomplets et incertains. Voilà ce que nous dit à cet égard le docteur Salneuve :

« Il existe peu de documents sur ces thermes qui sont, à n'en pas douter, d'origine ou de construction romaine ; aucune tradition ne fait savoir qu'ils aient été connus jadis, et pourtant en creusant une des piscines, on a trouvé des médailles ou des pièces de monnaie de fabrication romaine, provenant des colonies d'Aix et de Marseille. La découverte faite récemment de baignoires de brique parfaitement cimentées, prouve qu'ils ont été abandonnés après avoir été fréquentés pendant un temps plus ou moins long (1). »

Enregistrons maintenant des faits plus positifs; ils sont extraits d'un rapport adressé à M. le préfet, en **1814.**

---

(1) **Essai sur les eaux minérales de Châteauneuf, par H. Salneuve. Gannat, 1834. Page XII.**

En l'an ɪv de la République française, un tremble-
ment de terre fit disparaître la fontaine la plus chaude.
Elle vint sourdre auprès de la rivière. Une somme de
212 fr. servit à réparer ce désastre. En l'an xɪɪɪ, la
commune ayant renoncé à faire valoir ses droits, la
ferme fut adjugée au nom du gouvernement; son produit était alors de 150 fr. Il s'élevait à 425 fr. en
1808, à 450 fr. en 1811, et à 505 fr. en 1814 (1).

On voit, par ces chiffres, que, chaque année, le
nombre des buveurs d'eau augmente, et cependant
les chemins qui servent, dans plusieurs endroits, de
lit aux torrents, sont déplorables. Ils sont tellement
étroits, rapides et mal entretenus, qu'on ne peut arriver au village du Méritis qu'en litière ou à dos de
mulet. Après avoir vaincu ces difficultés, les malades
ont pour tout refuge trois ou quatre mauvaises auber-
ges, où ils sont mal logés et mal nourris. Les piscines sont très-sales, et les deux sexes s'y baignent
en commun.

En 1811, M. Chevarier réclame la possession des
sources thermales les plus importantes. Ses préten-
tions sont reconnues légitimes, et il rentre bientôt
dans les biens qu'il avait perdus par la négligence de
ses tuteurs.

En 1810 et 11, M. Bertrand fait l'analyse de

---

(1) Voyez, dans les pièces de la préfecture, le rapport de M. X.

plusieurs sources. Peu de temps après, ce travail est repris et complété par Vallet, pharmacien à Paris. Enfin, MM. Lecoq et Salneuve se sont également occupés de l'examen chimique de ces eaux.

Pendant l'administration de M. Chevarier, l'état des lieux devient meilleur. Les piscines sont réparées, des établissements thermaux et des hôtels sont construits, et les baigneurs commencent à trouver, à Châteauneuf, le confortable qui leur est si nécessaire.

Depuis, une route a été faite; et l'on peut arriver en voiture jusqu'au hameau où sont placés les bains (1).

Les sources de Châteauneuf sont très-nombreuses. Nous en avons visité dix-sept en 1844. Les fontaines chaudes et abondantes alimentent les piscines; les froides sont prises en boissons.

Nous allons indiquer la position de chacune d'elles, en signalant d'abord celles qui viennent sourdre sur le territoire du Chambon.

A. *Sources de Lacroix* (2) *et de la Garenne.*

Elles sont sur la rive droite et à une petite distance de la Sioule : la première à 50 et la seconde à 150 mètres au-dessous du village du Chambon. Un petit

---

(1) Il y a quelques années, les sources minérales de Châteauneuf ont été vendues, et les principaux établissements appartiennent aujourd'hui à quatre propriétaires différents.

(2) Cette source a été dédiée au docteur Pacros. (Salneuve.)

édifice, de forme demi-circulaire, reçoit la source de Lacroix.

La fontaine de la Garenne est au fond d'un puits rond, construit en pierres de taille.

Les eaux de ces deux sources sont abondantes, limpides et incolores, d'une saveur aigrelette, ferrugineuse et légèrement alcaline. Leur dépôt est rougeâtre, et des courants d'acide carbonique les font bouillonner.

B. *Territoire des Bordats.*

Cette localité est à un kilomètre nord du village du Chambon et sur la rive gauche de la rivière. On y observe les sources minérales suivantes :

1°. Source et bain de la Rotonde.

Un bâtiment quadrangulaire a remplacé l'ancien édifice de forme circulaire abattu il y a quelques années. Le bain actuel renferme un appartement voûté, où se trouve une piscine de 335 centimètres de longueur et de 275 centimètres de largeur. Dans les cabinets dépendants de cet établissement on a placé des douches et des vestiaires.

L'eau de la piscine, vue en masse, est un peu louche ; elle est onctueuse au toucher, et sa saveur est acidule et un peu plus alcaline. Sa température est de + 31°.

La source de la buvette est à côté de la piscine. Elle

communique, sans doute, avec celle du réservoir principal, car elle tarit lorsqu'on vide ce dernier.

2°. Bain du Petit-Rocher.

Il portait jadis le nom de Bain des galeux. Comme il tombait en ruine, son propriétaire fit creuser, en 1833, une piscine nouvelle. Cette réparation a augmenté le volume et la température de la source minérale. Elle faisait monter le thermomètre à +18°; aujourd'hui la colonne mercurielle atteint +31° centigrades. Le dégagement d'acide carbonique est plus considérable et le dépôt plus ferrugineux que dans la piscine de la Rotonde. Le réservoir où l'on prend les bains est carré, et les côtés ont 235 centimètres d'étendue.

3°. Source du Petit-Rocher.

Elle est très-près du bain précédent. Son eau est transparente, acidule et très-gazeuse. Sa température est de +20°.

4°. Source Chevarier (1).

Elle sort au pied d'un rocher coupé à pic, et dont le point culminant est occupé par les ruines d'un cabinet qui renfermait jadis une seule baignoire. L'eau coule maintenant à plusieurs mètres au-dessous de cet ancien bain, et elle sert de buvette. Lorsqu'on agite ce liquide, il laisse dégager une odeur très-prononcée d'hydrogène sulfuré; il possède, en outre, les qualités

---

(1) Cette fontaine alimentait autrefois la *baignoire du Rocher*.

acidules, ferrugineuses et légèrement salines des autres eaux minérales de la commune.

C. *Source du Moulin ou du Petit-Moulin.*

En suivant le cours de la Sioule, on arrive à une niche en maçonnerie destinée à recevoir un filet d'eau froide très-fréquenté par les buveurs. Cette source est à 700 mètres au-dessous des Bordats et à 300 au-dessus du Méritis. Les diverses fontaines de ces localités sont toutes sur la rive gauche de la Sioule.

D. *Quartier du Méritis.*

C'est au hameau du Méritis que jaillissent les sources et les plus abondantes et les plus chaudes. On y voit :

1°. Le Bain chaud ou Grand-Bain. Il occupe le rez-de-chaussée d'un bâtiment ayant la forme d'un carré long et auquel sont annexés, au nord et au midi, deux pavillons renfermant, le premier, le bain Auguste ; le second, un appareil pour les bains de vapeurs. La Sioule baigne les murs de cet édifice du côté de l'est.

Le réservoir principal est divisé en deux piscines séparées par une cloison en parpaing ; l'une reçoit les hommes, et l'autre les femmes. Chaque piscine offre une longueur de 345 centimètres et une largeur de 175. Elle est revêtue intérieurement en bois. Le même appartement présente des vestiaires et des cabinets à douche. Deux autres cabinets sont munis de baignoires, mais l'eau ne pouvant point s'y renouveler, se refroidit très-vite.

L'eau du Grand-Bain, vue en masse, est un peu louche; sa saveur est acidule, légèrement alcaline et salée, et très-peu ferrugineuse. Sa température varie, suivant que la piscine est plus ou moins pleine, entre + 37° et + 38° centigrades.

2°. Le bain Auguste est derrière la piscine des femmes; il est alimenté par la source du Bain chaud qui servait autrefois de buvette. Comme l'eau de cette fontaine était souvent trouble, on a changé sa destination. Elle fait monter le thermomètre centigrade à + 32°.

3°. Le Bain frais appartient à l'établissement Simon; il est situé au-dessous du Grand-Bain et à une distance plus considérable de la rivière. Sa température est de + 32°. Il est séparé par un mur de refend de la piscine du Bain tempéré.

La source de ce dernier réservoir fait monter la colonne mercurielle à + 36 ou 37°. Les piscines de ces deux bains sont moins grandes que celles du Bain chaud.

4°. Un peu au-dessous du Bain tempéré, la fontaine de la Pyramide coule dans un petit bac couvert. Ses eaux sont moins froides que celles du Petit-Moulin.

E. *Hameau du Coin.*

A une petite distance de ce hameau, on a découvert, il y a quelques années, une nouvelle source. Elle a été dédiée au général Désaix. Un petit bassin,

creusé au milieu des rochers , permet aux buveurs
de puiser facilement à cette fontaine , dont l'eau est
limpide , gazeuse , d'une saveur légèrement aigrelette , alcaline et ferrugineuse. De la matière organique verte et des carbonates de fer et de chaux se
déposent sur les parois des rigoles arrosées par cette
eau minérale.

Enfin, entre la fontaine Désaix et celle de la Pyramide, une autre source se fait jour au milieu des sables. Elle est submergée lorsque la Sioule est forte.

Propriétés physiques.

Toutes les eaux minérales de Châteauneuf présentent à peu près les mêmes qualités physiques. Elles sont
incolores et limpides quand on les examine à la sortie
du rocher ; elles deviennent louches et prennent une
teinte blanc-sale quand on les voit en masse.

Leur saveur est plus ou moins aigrelette, alcaline
et ferrugineuse ; leur goût est d'autant plus acidule
qu'elles sont plus froides. Leur odeur est nulle en général ; cependant les eaux du Grand-Bain , du bain
Auguste et de la buvette de Chevarier, agitées fortement dans un verre à demi plein, laissent dégager
une odeur très-sensible d'hydrogène sulfuré.

Les dépôts sont d'abord légers, onctueux et jau-
nâtres ou rougeâtres ; mais à une certaine distance de
la source ils présentent de minces croûtes de carbo-

nate de chaux et de la matière organique verte (1).

Le volume des diverses fontaines est en raison directe de leur température et de la quantité d'acide
carbonique qui les traverse. Les plus abondantes
sont les sources du Grand-Bain, du Bain tempéré,
du bain Julie, des bains de la Rotonde et du Petit-
Rocher. Celles de Lacroix, de la Garenne, du bain
Auguste et de Désaix, viennent en seconde ligne.
Les buvettes de la Pyramide, du Petit-Moulin, de
Chevarier et du Petit-Rocher sont de minces filets
sans importance.

NOMS DES SOURCES.	Thermomètre centigrade.	Nombre de litres à la minute.
		(2)
Bain chaud, au Méritis..........	+ 37 à 38	160
— tempéré, *idem*............	+ 36 à 37	90
— frais ou bain Julie, *idem*....	+ 31 à 32	20
— Auguste, *idem*............	+ 31 à 32	20
— de la Rotonde, aux Bordats.	+ 31	80
— du Petit-Rocher, *idem*......	+ 30 à 31	71
Fontaine Lacroix...............	+ 12 à 12,3	»
— du Petit-Moulin.......	+ 15,75	»
— Désaix...............	+ 16	»
— de la Garenne........	+ 19	»
— du Petit-Rocher.......	+ 20	»
— de la Pyramide.......	+ 26	»
— Chevarier............	+ 30	»

(1) Les dépôts calcaires manquent dans le voisinage des fontaines très-rapprochées de la rivière ; mais on observe des incrustations sur les rochers que baigne la source Désaix, et des
travertins sur le territoire des Bordats.

(2) Le volume des sources a été mesuré par le régisseur du
Bain chaud en 1845.

Les analyses des sources de Châteauneuf, publiées par les auteurs, offrent des dissemblances notables. Ces dissemblances peuvent tenir, soit aux méthodes suivies par les chimistes, soit à des différences réelles portant sur la proportion de certains éléments.

Ce qu'il y a de certain, c'est que l'acide carbonique prédomine parmi les substances gazeuses; la quantité d'azote, d'oxigène et surtout d'hydrogène sulfuré est très-minime. La présence de ce dernier fluide a seulement été indiquée dans les eaux de Chevarier, du Grand-Bain et du bain Auguste; mais elle n'a point été constatée à l'aide des réactifs par MM. Vallet et Salneuve. Nous ne savons point si M. Bertrand a eu recours à ces derniers moyens d'investigation.

Parmi les substances salines, il faut placer au premier rang le bicarbonate de soude; au second le chlorure de sodium et le bicarbonate de chaux; au troisième, les carbonates de fer et de magnésie, le sulfate de soude, les sels de potasse et la silice (1).

Ces courtes réflexions suffisent pour faire apprécier la composition chimique des sources minérales de Châteauneuf; mais il convient de donner des chiffres, et nous allons citer ceux de Vallet, quoiqu'ils ne soient pas tout à fait exacts :

(1) Plusieurs de ces substances manquent-elles dans certaines sources de Châteauneuf, comme le dit Vallet? Cette assertion a besoin d'être confirmée.

SOURCES DES BAINS.

Analyses de Vallet.	Bain chaud.	Bain tempér.	Bain Auguste (1).	Bain de laRoton- de (2).	Bain du Rocher (3).
	Gram.	Gram.	Gram.	Gram.	Gram.
Carbonate de soude.....	1,650	1,800	1,830	1,820	0,537
Sulfate de soude	0,190	0,270	0,320	0,030	0,060
Chlorure de sodium.....	0,220	0,230	0,410	0,030	0,064
Sulfate de potasse......	»	0,050	»	»	»
Carbonate de magnésie...	0,070	0,060	0,040	0,030	»
— de fer......	»	traces.	traces.	»	»
— de chaux	0,230	0,250	0,360	0,200	0,071
Silice.............	»	0,020	»	»	»
Hydrogène sulfuré.....	traces	»	traces	»	»
TOTAL des sels par litre d'eau. . . .	2,360	2,680	2,960	2,110	0,732

SOURCES—BUVETTES.

Analyses de Vallet.	Petit-Rocher.	Cheva-rier (4).	La Ga-renne.	Petit-Moulin.	La Py-ramide.
	Gram.	Gram.	Gram.	Gram.	Gram.
Carbonate de soude.....	2,050	1,520	1,100	1,030	1,030
Sulfate de soude	0,020	0,240	0,120	0,190	0,150
Chlorure de sodium	0,040	0,260	0,160	0,160	0,190
Carbonate de magnésie...	»	0,240	0,020	0,050	0,030
— de fer......	»	»	0,050	traces	»
— de chaux....	0,350	0,250	0,400	0,160	0,200
Silice.............	»	»	»	»	»
Hydrogène sulfuré.....	»	traces	»	»	»
TOTAL des sels par litre d'eau. . . .	2,460	2,510	1,850	1,590	1,600

(1) Ancienne fontaine du Grand- Bain au Méritis.

(2) Bain de Bordat, de Vallet.

(3) Des fouilles nouvelles ont arrêté les infiltrations d'eau douce et augmenté la température et la proportion des sels. Un litre d'eau de cette source nous a laissé, en 1845, 240 centi-grammes de résidu.

(4) Ancienne baignoire du Rocher (Vallet).

SOURCES-BUVETTES.

Analyses calculées.	Petit-Rocher.	Cheva-'rier.	La Ga-renne.	Petit-Moulin.	La P, rami
	Gram.	Gram.	Gram.	Gram.	Gra
Bicarbonate de soude. . . .	2,887	2,145	1,556	1,453	1,45
Sulfate de soude	0,020	0,240	0,120	0,190	0,15
Chlorure de sodium	0,040	0,260	0,160	0,160	0,19
Bicarbonate de magnésie. .	»	0,364	0,033	0,075	0,03
— de fer.	traces.	traces.	0,068	traces.	trac
— de chaux . . .	0,502	0,369	0,574	0,219	0,28
Silice.	»	»	»	»	»
Hydrogène sulfuré.	»	traces	»	»	»
TOTAL des sels par litre d'eau. . . .	3,449	3,378	2,511	2,097	2,11

Vallet s'est borné à signaler les doses de selsfou nies par l'analyse quantitative. Il n'a pas tenu comp des substances insolubles dans les acides, et formé en grande partie de silice.

La quantité totale de sels trouvée par lui est néc sairement moindre que celle obtenue en évapora un litre d'eau minérale. Les expériences, faites p nous en 1845, confirment pleinement cette assertio en voici le résumé :

Gramm

Un litre d'eau du G^d-Bain donne un résidu de 3,3
— du Bain tempéré. 3,2
— du bain Auguste. 3,3
— du bain du Rocher. 2,4
— De la source du Petit-Moulin. 2,2

En étudiant la composition chimique de la sou

du Grand-Bain nous sommes arrivé aux données suivantes :

Analyse trouvée.	Gram.	Analyse calculée.	Gram.
Carbonate de soude. . .	1,7488	Bicarbonate de soude. .	2,4996
Sulfate de soude.	0,4511	Sulfate de soude. · . . .	0,4511
Chlorure de sodium. . .	0,4344	Chlorure de sodium. . .	0,4344
Sels de potasse.	traces.	Sels de potasse.	traces.
Carbonate de magnésie.	0,0500	Bicarbon^{te} de magnésie.	»
— de fer. . . .	0,0200	— de fer. . . .	0,2770
— de chaux. . .	0,2800	— de chaux. . .	0,4023
Alumine.	traces?	Alumine.	traces?
Silice.	0,0600	Silice	0,0600
Apocrénate de fer. . . .	traces.	Apocrénate de fer. . . .	traces.
Hydrogène sulfuré. . .	traces.	Hydrogène sulfuré. . .	traces.
Matière organique. . .	traces	Matière organique. . .	traces.
Perte	0,2807	Perte	0,2807
TOTAL des sels par litre d'eau. . . .	3,3250	TOTAL des sels par litre d'eau. . . .	4,4051

Propriétés médicinales.

Les eaux de la Rotonde et de Chevarier qui sont tièdes, et dans lesquelles prédomine le bicarbonate de soude, peuvent être prescrites avec succès dans les gastro-entéralgies simples et rhumatismales, dans la goutte, la gravelle, les calculs, les engorgements du foie et de la rate, et les catarrhes pulmonaires chroniques. Il est bien entendu que toutes ces affections ne seront point compliquées de fièvre; de rougeur ou de sècheresse de la langue; de gastrite; de maladie grave du cœur; et que l'usage des eaux ne provoquera ni soif vive, ni pesanteur dans le creux de l'estomac.

Les personnes affectées de dyspepsie, celles qui ont

des inflammations chroniques des muqueuses génito-urinaires, feront usage des sources du Petit-Moulin, du Rocher, de la Pyramide ou de Désaix.

Les sources de Lacroix et de la Garenne sont plus spécialement employées dans la chlorose et l'anémie. Il arrive souvent que les idiosyncrasies des malades ou leur goût particulier obligent les médecins-inspecteurs à s'éloigner des règles précédemment tracées; mais, en général, ils peuvent faire ces concessions sans beaucoup d'inconvénient, car les propriétés médicinales des diverses fontaines sont à peu près les mêmes.

Les douches et les bains, désignés sous le nom de Grand-Bain et de Bain tempéré, sont ordonnés aux rhumatisans et aux personnes qui ont des engorgements des articulations. Ordinairement on commence par le Bain tempéré, et on se plonge quelques jours plus tard dans le Bain chaud.

Les bains de la Rotonde, du Petit-Rocher, le bain Auguste et le Bain tempéré conviennent aux scrofuleux, aux rachitiques et aux personnes affectées de gastralgies et d'engorgements utérins (1).

Les eaux très-légèrement sulfureuses de Chevarier, du Grand-Bain et du Méritis, sont utiles aux individus affectés de maladies dartreuses.

---

(1) Les bains frais du Rocher provoquent du côté de la peau une réaction très-prononcée, que M. Salneuve attribue à la présence d'une quantité plus grande d'acide carbonique.

Dans la commune de Châteauneuf, la multiplicité des propriétaires occasionne des tiraillements, des rivalités et des querelles qui entravent la régularité du service, gênent les prescriptions de l'inspecteur, et nuisent indirectement aux malades. Si l'on ne se hâte d'adjuger les deux établissements du Méritis à un seul fermier, l'avenir des bains de Châteauneuf se trouvera compromis.

Loin de nous la pensée de substituer l'aménagement nouveau à l'ancien ; les piscines ont des avantages, il est nécessaire de les conserver ; mais il est urgent aussi d'améliorer ce qui existe. Ainsi, 1°. il faut remplacer le revêtement à demi usé, fait avec des bois malpropres et mal travaillés, par des planches bien polies en bois dur. 2°. Il faut recrépir les voûtes et les murs et les peindre à fresque ou à l'huile. 3°. En outre, on pratiquera, immédiatement au-dessus du pavé, des ouvertures pour laisser écouler l'acide carbonique. Un écran en bois, placé devant ces ouvertures, garantira les baigneurs des courants d'air. 4°. Les hommes et les femmes cesseront de se baigner en commun, aux mêmes heures.

En outre des piscines il est nécessaire de faire construire de vastes baignoires où le malade sera plongé dans une quantité d'eau minérale considérable et incessamment renouvelée. Les propriétaires du Grand-Bain ayant le droit d'empiéter sur le lit de la Sioule et de s'emparer des *sources de la rivière*, devraient, après avoir fait une vaste digue, agrandir

4

leur bâtiment thermal. Un fossé creusé dans le roc et rempli de béton, mettrait les sources à l'abri des in-filtrations d'eau douce. Des baignoires, des douches et des vestiaires pourraient être construits sur les ter-rains disputés au cours d'eau.

CHÂTELDON (1).

Découvertes par M. Desbrest, en 1778, les eaux de Châteldon ont été analysées par ce médecin, et plus tard par Fourcy sous les yeux de Raulin. Dans ces derniers temps (1837), MM. Boullay et O. Henry ont étudié avec beaucoup de soin les qualités chimi-ques de ces liquides.

La vallée où ces eaux minérales se font jour est creusée sur les pentes inférieures des montagnes du Forez et au milieu de roches cristallisées. Etroite et profonde, elle est arrosée par un ruisseau torrentueux se dirigeant du nord-nord-est vers le sud-sud-ouest. Au moment où la vallée s'élargit, elle reçoit un autre ruisseau venant du sud-est. C'est au point de jonction de ces deux cours d'eau que se trouve Châteldon. Cette petite ville est formée par une réunion de mai-

(1) La notice sur les eaux de Châteldon est en grande partie extraite des ouvrages suivants : *Traité des Eaux minérales de Châteldon, de celles de Vichy et Haute-Rive, en Bourbonnais*, par Desbrest. Moulins, 1778. *Nouvelles recherches sur les pro-priétés physiques, chimiques et médicinales des Eaux de Châ-teldon*, par Em. Desbrest. Moulins, 1839.

sons basses, humides et sombres; la plupart ont été construites à une époque très-éloignée de nous. Derrière la ville s'élèvent des collines escarpées et rocheuses, sur lesquelles la patience industrieuse des habitants a créé des vignobles.

Châteldon est à 56 kilomètres nord de Clermont, et à 18 kilomètres sud-sud-est de Vichy. Son climat est doux et tempéré; la colonne barométrique s'y maintient entre 27 et 28 pouces, et le thermomètre centigrade varie entre 25° et 31° en été. Durant l'hiver il descend quelquefois à — 15°. (E. Desbrest.)

Durant la belle saison, la vallée où jaillissent les eaux minérales est très-pittoresque, et en gravissant les sommités des montagnes voisines, on découvre des points de vue magnifiques.

L'établissement thermal est bâti à droite du ruisseau principal. Une distance de 300 mètres environ le sépare de Châteldon.

L'une des fontaines des Vignes l'alimente, l'autre sert de buvette. Un petit nombre de cabinets à bains, et quelques appartements assez propres sont enfermés dans ce bâtiment thermal.

On trouve, en outre, au milieu du bois de *Goutte-Salade*, appartenant à M. de la Murette, trois fontaines minérales offrant les mêmes caractères que les eaux des Vignes. Elles sont à environ 1,000 mètres de Châteldon, sur la rive gauche, et à 100 mètres du ruisseau. Elles portent le nom de sources de la Mon-

tagne. L'une d'elles sort d'une très-petite grotte couverte d'incrustations calcaires. On a bâti près de là
une chapelle dédiée à Notre-Dame-du-Mont-Carmel.
Toutes ces eaux minérales s'échappent des terrains
cristallisés, toutes offrent les mêmes caractères physiques et chimiques : elles sont froides, limpides et
incolores ; leur saveur est acidule, légèrement ferrugineuse et très-agréable. Des courants d'acide carbonique les traversent. La source des Vignes fait monter le thermomètre centigrade à + 13° : les autres
sont froides. Le sédiment qu'elles abandonnent est
calcaire et surtout très-ferrugineux (1).

L'analyse des gaz a été faite à la source par M. Chevalier. Voici quelle est leur composition :

Acide carbonique	99,00
Oxigène	00,35
Azote	00,65
	100,00

Rapportons maintenant l'analyse des eaux faite par
MM. O. Henry et Boullay ; c'est la plus complète
et la plus récente. Nous devons faire observer préala-

---

(1) Un médecin a nié la présence du bicarbonate de calcium
dans l'eau de Châteldon ; et cependant les parois des bassins
sont tapissées de carbonate de chaux ferrugineux. Que l'on fasse
circuler ces eaux dans des canaux découverts, et l'on verra
qu'elles sont incrustantes.

blement qu'ils ont agi sur des eaux transportées. Une partie du sel martial s'était peut-être séparée pendant le voyage.

Analyse trouvée.	Gram.	Analyse calculée.	Gram.
Carbonate de soude. . .	0,3930	Bicarbonate de soude. .	0,5560
— de potasse . .	traces.	— de potasse .	traces.
Sulfate de soude et de chaux.	0,0700	Sulfate de soude et de chaux. . . , ...	0,0700
Chlorure de sodium (1).	0,0450	Chlorure de sodium (1).	0,0450
Carbonate de magnésie.	0,0820	Bicarbonte de magnésie.	0,1242
— de fer	0,0174	— de fer	0,0241
— de chaux. . .	0,6630	— de chaux. . .	0,9539
Phosphate de chaux. . .	traces	Phosphate de chaux. . .	traces.
Silice mêlée d'alumine .	0,0362	Silice mêlée d'alumine .	0,0362
Matière organique. . .	0,0300	Matière organique. . .	0,0300
TOTAL des sels par litre d'eau. . . .	1,3306	TOTAL des sels par litre d'eau. . . .	1,8394
Acide carbonique. . . .	1,1638	Acide carbonique. . . .	0,6687

L'analyse et l'observation se réunissent pour assigner aux eaux de Châteldon une place honorable parmi les sources ferrugineuses et acidules. Ces liquides sont toniques; ils fortifient les estomacs faibles et paresseux, favorisent les digestions languissantes, et rendent le sang plus rouge et plus stimulant.

On en conseille l'usage dans l'embarras gastrique, diverses espèces d'atonies primitives ou consécutives du tube digestif; dans certaines formes de gastrites

(1) Mêlé d'un peu de chlorure de magnesium.

chroniques ; dans l'anémie, la chlorose, la leucorrhée et les phlegmasies invétérées des voies urinaires.

MM. Desbrest père et fils pensent que l'eau de Châteldon est utile aux hystériques (1), aux hypochondriaques et aux individus affectés de névralgies chroniques. Ils pensent encore qu'elle fait cesser la stérilité.

Cette dernière assertion ne peut être admise sans restriction.

Il y a des stérilités qui sont occasionnées par des flueurs blanches abondantes et continues, par des métrites subaiguës que des rapprochements sexuels trop répétés entretiennent. Les pèlerinages, en faisant cesser momentanément la cause aggravante, peuvent favoriser la conception au retour ; à plus forte raison en est-il de même des eaux minérales résolutives et toniques qui sont, dans cette circonstance, une arme à deux tranchants ; elles sont une cause de séparation momentanée des époux, et elles agissent, en outre, en guérissant la maladie dont la stérilité était la conséquence. Si MM. Desbrest prétendent que les eaux de Châteldon agissent comme nous venons de le dire, nous approuvons fort leur manière de penser ; mais s'ils supposent qu'elles sont un spécifique, ayant une

(1) On nous assure que les femmes et les filles de Châteldon ont un caractère bizarre et une susceptibilité nerveuse excessive. On attribue ces altérations morales et physiques à l'abus des eaux fortement acidules de cette commune?

action mystérieuse et inexplicable, nous ne partageons point leur croyance.

Les bains réchauffés de Châteldon sont très-peu actifs; leur propriétaire et inspecteur en prescrit l'administration aux individus affectés de couperose et de dartres vives ou farineuses.

Les eaux sont prises à jeun, le matin, à la dose de trois à six verres. On peut, en outre, les boire aux repas mêlées à un peu de vin.

Transportées dans des vases bien bouchés, elles conservent leurs propriétés médicinales. Elles perdent seulement une partie de leur bicarbonate de fer et de chaux.

CHATELGUYON.

La vallée de Châtelguyon est creusée, en partie, dans les roches cristallisées; en partie, dans les terrains tertiaires.

Avant l'évacuation des eaux de la Limagne, les arkoses et les calcaires venaient s'appuyer, en se relevant, contre les formations primitives et plutoniques, et cachaient la véritable origine des eaux minérales. Ces dernières arrivaient au lac d'Allier en refluant de bas en haut jusqu'à la limite supérieure des sédiments lacustres; mais lorsque la plaine fut *émergée*, le ruisseau de Sardon, qui glissait sur des pentes rapides, ne tarda point à entamer profondément les arkoses, et à mettre à nu les fissures des granites, d'où s'échappent des sources acidules nombreuses. Néanmoins le lit du ruisseau fut, pendant un certain temps, plus élevé qu'aujourd'hui, et durant cette période déjà bien éloignée de nous, des travertins se déposèrent sur les flancs des collines du voisinage, à plusieurs mètres au-dessus du niveau actuel du cours d'eau.

Il suffit, pour reconnaître l'exactitude de notre récit, de parcourir la vallée de Châtelguyon, en commençant à trois ou quatre cents pas de l'établissement de la Vernière.

D'abord on remarque, en descendant, une espèce de barrage naturel, d'où le Sardon se précipite en écumant.

Un peu plus bas, des bulles d'acide carbonique soulèvent, de distance en distance, l'eau du ruisseau.

Plus loin encore, un filet d'eau s'échappe sur sa rive droite.

Du côté opposé et à trente pas au-dessus de la Vernière, une petite source naît au milieu de la prairie, sa température est de $+ 28°$.

A cinq mètres au-dessus de l'établissement thermal, des travertins percés d'une ouverture, laissent échapper une petite source marquant $+ 23°$.

Viennent ensuite la source abondante de la Vernière et l'édifice qui l'entoure.

Des dégagements considérables d'acide carbonique soulèvent les eaux du Sardon, et ne sont séparés de la fontaine précédente que par la muraille du bâtiment thermal.

La fontaine de la Planche (rive droite) est à 70 mètres plus à l'est. On trouve ensuite la passerelle en bois (1), et la source de la Planche (rive gauche).

Dans tout l'espace que nous venons de signaler, le ruisseau coule presque partout entre deux rangées d'arbres. Il est couvert, lorsque les eaux sont basses, d'une couche épaisse de matière organique verte mêlée de carbonates de fer et de chaux. Le granite et les brèches ou grès qui le recouvrent sont entremêlés, dans beaucoup d'endroits, de couches d'aragonite blanche et fibreuse; et des masses de travertins se remarquent, comme nous l'avons dit, sur les flancs des collines.

A l'est de la passerelle, et sur la rive droite du Sardon, des arkoses coupées à pic s'élèvent à une grande hauteur. Les couches de cette roche, parallèles entre elles, sont légèrement inclinées vers le sud-est.

Le côté opposé du ruisseau est couvert d'arbres sous lesquels les baigneurs viennent chercher un ombrage d'autant plus nécessaire que les plantations étendues sont rares autour de Châtelguyon. Indépendamment de la ligne de failles qui fournit les eaux

---

(1) La planche que nous désignons ainsi a sans doute donné son nom aux sources indiquées dans ce paragraphe.

déjà citées, et qui court de l'ouest à l'est, il en existe
une autre au pied et du côté ouest du monticule, où
l'on voyait jadis les ruines d'un château appartenant
aux comtes de Guy (1). Cette dernière se dirige du
nord-nord-est vers le sud-sud-ouest. Voici l'indication
des sources qu'on y observe :

1°. Une petite fontaine, traversée par un courant
d'acide carbonique intermittent, se fait jour dans une
excavation du roc; elle fait monter le thermomètre
centigrade à + 25°.

2°. Sur la rive opposée du torrent, un filet d'eau
minérale traverse la prairie.

3°. Un peu plus loin, on rencontre la source d'Azan
ou du Gargouilloux et son établissement thermal.

4°. A vingt pas plus au sud, une fontaine jaillit par
trois ouvertures différentes; des dégagements considérables de gaz méphitique la font bouillonner.

En résumé, nous comptons dans les deux vallées
au moins dix sources plus ou moins abondantes; mais
si l'on voulait tenir compte de tous les filets et suintements que cachent les travertins ou les eaux du Sardon,
il faudrait beaucoup augmenter ce chiffre.

Après cette indication sommaire, il convient de faire
l'histoire des fontaines actuellement utilisées, ou qui
l'ont été autrefois.

---

(1) Le château de Châtelguyon fut bâti par Guy II, en 1185;
en 1395, il fut vendu à la maison de Chazeron. (Barse.)

Etablissement de la Vernière.

La plus importante des sources [de] Châtelguyon est celle de la Vernière. L'établissement construit autour d'elle, est placé sur la rive droite du Sardou. On y remarque une antichambre et un cabinet où l'on a établi des douches ascendantes et descendantes. Un second cabinet sert de réservoir à la source. Un troisième et un quatrième sont destinés aux piscines ; enfin, deux autres sont munis de baignoires en bois ; deux vestiaires, l'un pour les hommes, l'autre pour les femmes, sont également enfermés dans le mur d'enceinte. Cet édifice provisoire est trop petit, et manque de propreté ; il n'existe aucun hôtel auprès de lui, et les baigneurs sont obligés de se rendre au bourg lorsqu'ils sortent du bain.

Buvette de la Planche.

Une cabane en bois protége la buvette de la Planche (rive droite) ; les personnes qui font usage de ses eaux, sont soumises à une modique rétribution. L'eau minérale sort des fentes du roc, l'excavation qui la reçoit est couverte d'un dépôt boueux de couleur rouge-orangée.

Etablissement d'Azan ou du Gargouilloux.

L'établissement d'Azan ou du Gargouilloux, où l'on avait construit des piscines et une douche, est aban-

donné, parce qu'une source froide s'est mêlée à la
fontaine minérale qu'elle a beaucoup refroidie. Celle-ci
marquait, dit-on, au thermomètre centigrade + 36°;
elle est réduite aujourd'hui à + 26° (1).

Historique.

On ne trouve auprès de Châtelguyon aucune ruine
qui rappelle l'époque romaine. Jean Banc n'a rien dit
de ses eaux; mais Duclos, en 1675, et Guettard, en
1758, ont signalé ce bourg comme étant très-connu
par ses eaux minérales.

En 1774, Cadet, de Paris, et Dufour, de Riom,
ont étudié la composition chimique de ces liquides; ils
contiennent, d'après ces savants, du fer, du sel marin et du sel de la nature de celui d'Epsum. (Barse.)

Raulin, qui parle longuement des sources de Châtelguyon, vante beaucoup leurs propriétés médicinales,
il ajoute que les habitants du village s'en servent
pour préparer leur pain.

Legrand-d'Aussy nous a conservé des données historiques importantes; nous allons les reproduire:
« L'eau minérale, écrit ce voyageur, a deux sorties,
toutes deux grillées. Le 2 octobre, à midi, elle m'a
donné 26° de chaleur (32°,50 centigrades); l'air
extérieur étant à 15°. La lumière s'y éteignait à quatre
pouces de l'eau. Jadis elle eut un bâtiment, dont on

---

(1) Barse. Châtelguyon et ses eaux minérales. Riom, 1840.

voit les fondements encore. Outre la source grillée, il y en a une autre, nommée Azan, et connue des paysans sous le nom de Gargouilloux. Dans le lit du ruisseau qui arrose le village, on en voit une, nommée la Vernière, qui sort par un trou qu'elle s'est fait à travers une roche. Celle-ci avait 25 degrés de chaleur (31°,25 centigrades). Elle jaillissait à quatre pieds quatre pouces de haut, et atteignant une haie qui est là, incrustait et agglutinait les feuilles qu'elle pouvait toucher. Les gens du lieu s'étaient pratiqué, dans la roche même, une baignoire; mais le locataire de la source grillée, voulant que la sienne fût la seule qui subsistât, a tout fait pour détruire l'autre. Il a poussé la malice, dit-on, jusqu'à tenter d'en fermer la sortie en y enfonçant un coin de fer; le coin a été rejeté, et le jet subsiste toujours (1). »

D'après Buc'Hoz, les eaux minérales de cette localité sont thermales, gazeuses, acidules et purgatives. On en connaît peu de semblables en France; peut-être sont-elles uniques par leurs propriétés réunies. (Barse.)

L'établissement thermal d'Azan a été reconstruit en 1817, et celui de la Vernière en 1840 ou 1841.

Propriétés physiques et chimiques.

L'eau de toutes les fontaines de Châtelguyon est

---

(1) Tome 2, page 286.

limpide, et incolore quand elle sort des fissures du rocher; mais lorsqu'elle s'accumule dans un réservoir
découvert, elle devient louche et opaline.

Son goût est salé, ferrugineux et légèrement acidule.
La quantité d'eau fournie par les principales fontaines est considérable; le tableau suivant en contient
l'indication (1).

NOM DES SOURCES.	NOMBRE DE LITRES	
	à l'heure.	à la m.
La Vernière.................	3120	52
La Planche (rive droite).........	3000	50
La Planche (rive gauche)........	1200	20
Le Gargouilloux..............	2100	35
Totaux	9420	157

Voici le degré de chaleur que nous ont offert les
diverses fontaines de Châtelguyon au mois de septembre 1844.

Therm. cent.

Source de la Prairie, au-dessus de la Vernière... 28
— du Ruisseau au-dessus de la Vernière... 23
— de la Vernière, à la source.......... 35
— de la Vernière, dans les piscines + 32 à 33
— de la Planche (rive droite) .... + 35
— d'Azan ou du Gargouilloux .... + 26
— intermittente au-dessus du Gargouilloux + 25

---

(1) Barse, *loc. cit.*

Les eaux de cette commune, envisagées sous le point de vue de leur composition, offrent une particularité qui se montre rarement dans les eaux minérales de l'Auvergne ; elles renferment à peine des traces de bicarbonate de soude ; elles contiennent, au contraire, une notable proportion de sulfate de la même base ; mais le chlorure de sodium est le sel prédominant. Le fer y existe aussi en assez grande quantité. La source de Gimeaux, si l'on s'en rapporte à l'analyse de Mossier, offre une anomalie semblable.

Nous avons fait, en 1844, l'analyse des eaux de la Vernière et de la Planche (rive droite) ; les résultats ont été à peu près les mêmes ; ils sont consignés dans le tableau suivant :

Analyse trouvée.	Gram.	Analyse calculée.	Gram.
Carbonate de soude. . .	traces	Bicarbonate de soude. .	traces.
Sulfate de soude.	0,5850	Sulfate de soude	0,5850
Chlorure de sodium. . .	2,4000	Chlorure de sodium. . .	2,4000
Carbonate de magnésie.	0,1660	Bicarbon^te de magnésie.	0,2460
Chlorure de magnesium.	0,6230	Chlorure de magnesium.	0,6230
Carbonate de fer	0,1680	Bicarbonate de fer . . .	0,2228
Apocrénate de fer.. . .	traces	Apocrénate de fer.. . .	traces.
Carbonate de chaux.. .	1,2550	Bicarbonate de chaux. .	1,8027
Sulfate de chaux	0,0800	Sulfate de chaux	0,0800
Alumine.	0,0200	Alumine.	0,0200
Sulfate d'alumine. . . .	traces.	Sulfate d'alumine. . . .	traces
Matière organique . . .	traces.	Matière organique.. . .	traces.
Perte	0,1530	Perte	0,1530
TOTAL des sels par litre d'eau. . . .	5,4500	TOTAL des sels par litre d'eau. . . .	6,1325

La quantité d'acide carbonique libre, dissous dans

chaque litre d'eau, est, d'après M. Barse, de 755 mil-
lilitres.

Nous devons ajouter que Duclos, en 1675, a obtenu, en évaporant un litre d'eau de Châtelguyon,
5 grammes 81 centigram. de résidu (1), et M. Barse,
en 1840, 5 grammes 16 centigrammes.

Nous avons encore d'autres variations à enregistrer.
En analysant des eaux de Châtelguyon, puisées à des
époques diverses, nous n'avons pas toujours obtenu
les mêmes quantités de sulfates de chaux et de soude,
et de carbonate de chaux. Cependant la quantité de
sulfate de soude n'a jamais dépassé 0,62 centigram.

Effets thérapeutiques.

Les eaux de Châtelguyon sont placées par Raulin
au nombre des médicaments toniques et purgatifs. Il
les ordonne aux personnes affectées de coliques bi-
lieuses et venteuses, d'inappétences, de fièvres intermittentes rebelles, de flueurs blanches, d'aménorrhée, de pâles couleurs et de jaunisse.

Les eaux acidules qui nous occupent, peuvent remplir des indications différentes, suivant qu'on les ad-
ministre à forte ou à faible dose.

Bues en petite quantité, elles servent à combattre
l'aménorrhée atonique, la chlorose, les engorgements

---

(1) Duclos dit qu'il a retiré 1/172 du poids de l'eau.

scrofuleux et lymphatiques ; prises à dose élevée, elles guérissent l'embarras gastrique et bilieux, certains engorgements des viscères abdominaux, les hydropisies atoniques simples, diverses maladies chroniques de l'encéphale.

Les bains et les douches produisent, d'après M. Deval, des effets surprenants dans les cas de rhumatismes articulaires chroniques ; d'engorgements lymphatiques des articulations ou tumeurs blanches ; de rétraction des muscles et des tendons ; de paralysies partielles ou générales ; d'atrophies des membres et de fausses ankyloses (1). »

Les observations de M. Aguilhon, médecin inspecteur des eaux minérales de Châtelguyon, confirment entièrement les assertions de son prédécesseur (2).

La température des bains de cette commune est très-convenable lorsqu'il s'agit de combattre des maladies rachitiques et scrofuleuses et des engorgements articulaires ; mais elle n'est point assez élevée pour convenir dans la plupart des rhumatismes musculaires et nerveux.

A dose altérante, on donne les eaux de cette localité par demi-verres, et l'on invite les malades à

---

(1) Barse.

(2) Notes sur l'action thérapeutique des eaux minérales de Châtelguyon. Annales de thérapeutique de Paris, an. 1843.

diminuer la quantité du liquide ingérée quand il occasionne des garde-robes répétées.

Pour obtenir un effet purgatif, on recommande aux
buveurs d'avaler huit à dix verres pris de quart-d'heure
en quart-d'heure. Chez quelques personnes trois ou
quatre verres suffisent; chez d'autres, on peut aller
jusqu'à douze. Ces liquides purgent doucement, et
rarement ils occasionnent des coliques.

CHAUDEFOUR, voyez CHAMBON.

CHENNAILLES, voyez SAINT-AMANT.

CLERMONT-FERRAND.

Avant l'apparition du filon volcanique sur lequel
est bâtie la ville de Clermont, les sédiments tertiaires
n'offraient aucune interruption, et plusieurs sources
minérales provenant de la série de failles placée le long
du bord occidental de la Limagne, étaient très-probablement obligées de remonter, comme à Saint-Mart,
entre l'arkose et les formations primitives, pour atteindre la limite supérieure des roches neptuniennes.

Mais en traversant de bas en haut les grès et les calcaires lacustres, la wakite, agissant en sens inverse
de la sonde de M. Brosson, est arrivée au même résultat (1). Elle a créé des fissures nouvelles dont les

_____

(1) Tout le monde sait que M. Brosson jeune a obtenu, à Vichy et dans les environs, des puits artésiens d'eaux minérales.

orifices sont plus déclives que les anciennes issues, et quelques fontaines minérales ont changé de cours.

De nombreuses observations militent en faveur de cette opinion ; elles seront exposées lorsque nous nous occuperons de la théorie des eaux minérales de la Basse-Auvergne. Nous nous bornerons ici à rappeler les faits suivants :

1°. Les sources acidules de Clermont sortent au pied du monticule de wakite et du côté qui regarde le bord occidental du bassin de l'Allier.

2°. C'est au point de contact du tuf volcanique et des sédiments tertiaires qu'elles s'échappent.

3°. La série des fissures d'où elles jaillissent, court du nord au sud. Elle commence à Saint-Alyre, longe la rue de Ste-Claire, traverse la place du Poids-de-Ville, la rue de l'Ecu, la place de Jaude, et va finir dans le Champ-des-Pauvres.

A une certaine distance de ces diverses places et rues, les eaux qui alimentent les fontaines et les puits ne sont point salines (1).

Que l'on étudie les propriétés physiques des sources et des puits existant, soit du côté oriental de Clermont, soit auprès de la barrière de Fontgiève, et l'on reconnaîtra l'exactitude de notre assertion.

_____

(1) Il est bien entendu qu'il s'agit des sources et puits creusés dans les terrains tertiaires, et nullement des eaux qui cheminent sous les travertins.

La ligne de fentes qui donne naissance aux eaux de Royat et de Chamalières, se dirige de l'ouest à l'est; elle vient à la rencontre de la précédente, mais elle ne l'atteint pas. Elle commence auprès du bain de César, et on peut la suivre jusqu'au moulin Morateur (1) qui est au-dessus des papeteries. Là, elle paraît s'arrêter.

A-t-elle des communications avec la faille d'où provient la fontaine des Roches? Cette dernière est-elle alimentée par la même nappe que les eaux de Clermont? tire-t-elle son origine d'une fissure isolée?

On peut répondre à la première supposition, que la source des Roches est moins saline que celles de Saint-Mart, et qu'elle en est fort éloignée; à la seconde supposition, on peut objecter que la première fontaine, quoique très-rapprochée de celle de Jaude, contient un peu moins de bicarbonate, et beaucoup plus d'hydrochlorate de soude; reste la troisième hypothèse, qui est très-acceptable jusqu'à plus ample informé.

Revenons maintenant aux eaux acidules de Clermont.

La partie la plus reculée du faubourg du nord nous offre les deux sources incrustantes, celles du ruisseau et de la rue des Chats; plus haut jaillissent celles de

---

(1) Ce moulin est placé à l'endroit où la rivière de Tiretaine se divise en deux branches.

l'enclos de la Garde, de la rue et de l'enclos de Sainte-Claire, et de la place du Poids-de-Ville.

Dans la rue de l'Ecu (1), des ouvriers ayant percé une couche épaisse de pierre, ont trouvé au-dessous d'elle une source qui nous a laissé, par litre, 145 centigrammes de résidu. Enfin, au-delà de la place d'Armes, on trouve les fontaines de Jaude, de l'enclos de l'Hôpital et du Champ-des-Pauvres.

Depuis les Salins jusqu'à l'emplacement de l'ancienne abbaye de St-Alyre, les terrains de transport et les bâtiments recouvrent des assises plus ou moins épaisses et étendues de calcaires incrustants. Mais ces dépôts ont surtout acquis une grande puissance à la partie inférieure du faubourg du nord, où l'on ne peut creuser une cave ou un puits sans rencontrer des travertins et souvent aussi des filets où des sources d'eaux minérales (2).

Les eaux que nous venons de nommer sont acidules, alcalines, salées, magnésiennes, siliceuses, calcaires et ferrugineuses.

----

(1) Maison n° 7.

(2) La présence des calcaires incrustants a été constatée près des fontaines du Champ-des-Pauvres et de Jaude; au-dessous des maisons n°s 10 et 7 de la rue de l'Ecu, n°s 16 et 8 de la rue Fontgiève; dans l'ancien couvent de Sainte-Claire et dans presque toutes les habitations du faubourg Saint-Alyre, qui longent la rue Ste-Claire, la rue de la Garde et la grande rue de Saint-Arthème, etc.

La source du puy de la Poix est saline, sulfureuse et bitumineuse, ce qui nous a engagé à la décrire à part quoiqu'elle appartienne à la commune de Clermont.

Nous ne pouvons terminer ces préliminaires sans dire un mot du puits d'Abraham ou puits des Miracles (1); il est situé rue Fontgiève, n° 54; il est creusé dans les calcaires tertiaires, au-dessous de la limite occidentale des travertins; l'eau qu'il contient est légèrement calcaire. Jadis, au mois de décembre, on plongeait dans l'eau de ce puits les petits enfants pour les empêcher de crier et les guérir de la fièvre. Cet usage barbare et superstitieux est depuis longtemps abandonné.

A. *Eaux minérales des Salins.*

1°. Source de Jaude.

La source minérale de Jaude naît dans un jardin situé entre la rue Jolie, le chemin des Roches-Galoubies et l'allée qui fait suite à la rue de Lagarlaye, à cinquante pas environ à l'est de la barrière.

A l'époque où cette fontaine coulait au milieu des terres incultes, elle était entourée de travertins, et l'on voyait sur ses bords quelques plantes maritimes,

---

(1) M. Desbouis a trouvé dans les archives de la ville de Clermont d'anciens manuscrits dans lesquels il est question du puits d'Abraham.

au nombre desquelles figuraient le *poa maritima*, le *glaux maritima* et le *plantago coronopus*. (Delarbre.)

Après le défrichement des Salins, la fontaine fut recouverte, et un canal l'amena jusqu'au placard en maçonnerie, où elle arrive encore aujourd'hui, et qui est situé à côté de la porte de Jaude.

« Ceste source, écrit Jean Banc, est fort copieuse et riche en sa descharge; de goust aigre et de desboire de bitume; les feces en sont orangées, et ic confesseray librement ne m'estre iamais enbesoigné de porter personne a s'en seruir. Non que ie n'aye toujours eu quelque ambition de recognoistre leur propriété par expérience: mais parceque ie n'ay iamais trouué personne disposée à la créance qu'elle peust seruir à la santé, d'autant que le vulgaire a toujours creu que ces Eaux auoyent esgalle propriété de petrefier dans les corps viuans que sur la terre: La craincte de calomnie plus frequente d'estre portée en Auuergne contre les medecins, qu'en tout autre lieu du monde, m'a retiré de la résolution que j'auois prise d'opiniastrer ce bon œuvre.

» Cependant ie me contenteray de dire que ie recognois veritablement qu'elles rendroient de beaux succez contre les maladies, a qui s'en voudroit seruir auec ordre et conseil: car j'y vois beaucoup d'apparence en la similitude du meslange, qu'elles monstrènt auoir avec les autres de pareille condition tiede. »

La crainte des malades en ce qui concerne *la mau-*

vaise condition petrefiante des eaux de Jaude, est mal fondée, et le médecin de Moulins pense, au contraire, que les eaux de ce genre sont admirables à *rompre le calcul encores morueux dans les roignons ou la vessie.* Il ajoute ensuite : « Ce qui me fortifie le plus en la creance de ceste verité, est que toutes nos Eaux medicamenteuses, peu exceptées, petrefient euidemment, principallement si elles passent par lieux pierreux ou d'aptitude petrefactiue : cela paroist en la petite source froide de Vichy, qui est auprès de la riuière, dans le rocher, contre les Celestins : à Medesgue aussi où les voysins ne se seruent point d'autres pierres a faire les fourneaux de leurs cheminées, que des spongieuses de la generation de celle qui est plus auant dans le pré. Sans nulle doubte, celles de Vic le Conte, de Sainct Myon, et des Martres petrefient aussi; et toutes fois on n'a jamais trouué remede plus admirable contre le calcul que celuy qui est tiré de telles aydes, des quelles nous avons veu et voyons tous les iours mille experiences de bon succez, au lieu de les rendre sinistres comme le vulgaire les crainct (1). »

Depuis bien des années, les scrupules des Clermontois se sont dissipés, et les eaux de Jaude sont fréquentées par un grand nombre de buveurs. Ces derniers ont surtout afflué, après que la buvette de

---

(1) Jean Banc, page 112.

Saint-Pierre a disparu sous le bâtiment du Poids-de-Ville.

Le passage suivant, emprunté à Legrand-d'Aussy, semble annoncer que la source principale du champ des Salins a été mise en vogue en 1787 ou 1788.

A présent, écrit ce voyageur, c'est à la source de Jaude que l'on court. A la vérité, il s'était établi auprès de celle-ci, une guinguette où les jeunes gens des deux sexes, après avoir bu ou s'être présentés pour boire, allaient déjeûner et danser, et l'on conçoit sans peine combien ce voisinage devait ajouter à la renommée de la salubrité des eaux (1).

L'eau minérale de Jaude, moins abondante que celle des Roches, est limpide et incolore; sa saveur est aigrelette, ferrugineuse et saline. Elle donne au vin un goût agréable; mais au bout de quelques minutes, le mélange prend une couleur violette peu appétissante.

Quand on la conserve pendant long-temps dans une bouteille mal bouchée, elle laisse déposer de petits flocons ocracés renfermant des carbonates de chaux et de fer. Sa température est de $+ 22,25$.

Evaporé à diverses époques, ce liquide minéral n'a pas toujours fourni le même poids de résidu. Voici les résultats signalés par différents expérimentateurs.

---

(1) Tome 1, page 154.

Sels obtenus en évaporant un litre d'eau :

— par Duclos, avant 1675 1,85
— par Vauquelin, en 1799 2,25
— par Mossier. 2,38
— par le docteur Nivet 2,24

Ces différences tiennent, sans doute, à ce que l
source de Jaude étant mal captée, des quantités va
riables d'eaux douces se mêlent à l'eau minérale.

Nous nous bornerons ici à signaler les résultats de
expériences faites par nous en 1845, et nous ren
verrons les bibliophiles qui désireraient connaître le
autres analyses au mémoire de Vauquelin et à l'ou
vrage de Duclos.

Analyse trouvée.	Gram.	Analyse calculée.	Gram,
Carbonate de soude. . .	0,5190	Bicarbonate de soude. .	0,701
Sulfate de soude	0,0870	Sulfate de soude	0,087
Chlorure de sodium. . .	0,7010	Chlorure de sodium. . .	0,701
Carbonate de magnésie.	0,2400	Bicarbon^{te} de magnésie.	0,364
— de fer. . . .	0,0320	— de fer	0,050
— de chaux. . .	0,5600	— de chaux. . .	0,804
Silice	0,0700	Silice	0,0700
Apocrénate de fer. . . .	traces.	Apocrénate de fer.. . .	traces.
Matière organique . . .	traces.	Matière organique . . .	traces.
Perte	0,0310	Perte	0,0310
TOTAL des sels par litre d'eau.. . .	2,2400	TOTAL des sels par litre d'eau. . . .	2,8090

La chlorose et ses diverses complications ; l'anémie,
l'embarras gastrique et la dyspepsie non compliquée
de gastrite ; la leucorrhée atonique et les phlegmasies

chroniques et invétérées de l'urètre et de la vessie peuvent être traités avec succès par les eaux de Jaude.

Leur dose est de deux à six verres le matin à jeun. Quand elles sont bien supportées, on peut en faire usage aux repas, en ayant soin de les mélanger avec un peu de vin. Ce mélange doit être bu aussitôt qu'il est préparé.

2°. Source de l'Hôpital.

Au sud et à cinquante ou soixante pas de la fontaine de Jaude, une source minérale est reçue dans un bassin circulaire placé au milieu de l'enclos de l'Hôpital.

Cette source est acidule, ferrugineuse, calcaire et légèrement saline. Elle est moins abondante que celle de Jaude. Sa température est de + 21°,5.

Le même enclos renferme plusieurs creux remplis d'eau douce, d'où s'échappent des bulles d'acide carbonique.

3°. Source du Champ-des-Pauvres.

Elle est signalée par plusieurs auteurs anciens (1). Elle jaillit au milieu du territoire des Salins, entre le chemin qui conduit de la place de Jaude à Beaumont et celui qui se rend aux Roches-Galoubies.

Elle est enfermée aujourd'hui dans une maison appartenant à M. Chauvel.

_____

(1) Jean Banc, Chomel et Duclos.

L'eau de cette fontaine est limpide et gazeuse, et présente, à peu près, les mêmes qualités physiques et chimiques que l'eau de Jaude. Sa température est de 21°,75. Elle est rarement prescrite aux malades (1).

B. *Eaux minérales du quartier du Poids-de-Ville.*

Source de Saint-Pierre.

Les auteurs qui ont écrit avant la fin du dix-huitième siècle (2), assurent qu'il existe au milieu des fossés de la ville, près de la porte de Saint-Pierre, une source minérale très-fréquentée, tandis que celle de Jaude est tout à fait négligée.

Cette source, au dire de Delarbre, est ensevelie sous le Poids-de-Ville (3).

Il est probable que ses eaux se rendent aujourd'hui au grand aquéduc de la ville, qui, partant de la rue des Gras, passe sous les maisons situées à l'ouest de la place Saint-Pierre, sous l'angle nord-ouest du Poids-de-Ville, sous la route royale, et vient aboutir au grand escalier de la rue Sidoine-Apollinaire.

Pendant que nous nous occupons du quartier du Poids-de-Ville, nous ne devons point omettre les ren-

---

(1) Des suintements d'eau minérale se remarquent dans tout les fossés qui ont été creusés autour et au milieu du Champ-des-Pauvres.

(2) Jean Banc, Duclos, Chomel, etc.

(3) Notice sur l'Auvergne, page 199.

seignements qui nous ont été transmis par M. Ledru, architecte.

Vers 1807 ou 1808, en creusant les fondements de la maison Feuillade, faisant le coin de la place Saint-Hérem et de la rue Neuve Sainte-Claire, on découvrit une piscine longue de quatre mètres et large de deux. Elle avait la forme d'un rectangle, et ses parois étaient en béton très-solide. Cette piscine a-t-elle reçu autrefois l'une des sources minérales placées dans son voisinage? Les documents nous manquent pour résoudre ce problème.

C. *Sources minérales des quartiers de Fontgiève et de Sainte-Claire.*

1°. Sources de l'enclos de la Garde.

L'enclos de la Garde renferme deux sources; la première est à gauche en entrant, son trop-plein se rend à la rue Ste-Claire. Elle est très-peu abondante.

La seconde est au fond du jardin. Depuis quelques années, on l'a recouverte, et un canal l'amène jusqu'à la rue de la *Font-Saulse*, probablement la rue des eaux de Legrand-d'Aussy.

A l'endroit où elle franchit le mur d'enceinte, il existe des mamelons volumineux de travertins qui sont en partie cachés par les pierres de la muraille. Ils ont été signalés par les auteurs anciens.

2°. Ancienne fontaine de Sainte-Claire.

L'enclos de la ci-devant abbaye de Sainte-Claire

renfermait une source minérale qui coulait à pleins bords, et se répandant sur la surface du jardin, l'encroûtait et l'incrustait. On fut obligé de lui creuser, pour son écoulement, un canal profond (1).

Ce canal est bien conservé; il passe sous la maison n° 34, appartenant à M. Cocu (2), et aboutit à un petit bac placé à gauche et au fond de l'impasse de Saint-Eutrope. Du côté du sud il se dirige vers la cour Sainte-Claire; mais on ne sait point au juste l'endroit où il s'arrête. Le conduit parcouru par l'eau minérale est couvert d'un dépôt ferrugineux, mêlé d'une matière organique visqueuse.

« A l'issue du conduit, l'eau de Sainte-Claire (3) est limpide quand on la recueille dans un vase de petite dimension; mais elle paraît un peu louche lorsqu'on la voit en grandes masses; elle a une saveur piquante, ensuite salée et assez forte : elle est un peu onctueuse au toucher; sa température est d'environ $22°$ du thermomètre centigrade. Sa pesanteur spécifique, comparée à celle de l'eau pure, est de 1,006.

---

(1) Legrand-d'Aussy, tome 1, page 157.

(2) Cette maison est située dans la rue de Sainte-Claire.

(1) Les deux passages guillemetés nous ont été communiqués par M. H. Lecoq, pharmacien et professeur d'histoire naturelle à Clermont-Ferrand. Ce savant naturaliste a bien voulu mettre à notre disposition les notes qu'il a recueillies pendant ses excursions en Auvergne, et les renseignements que nous y avons puisés sont nombreux et pleins d'intérêt.

» Elle rougit la teinture de tournesol et verdit au bout de peu de temps le sirop de violettes. Elle est sans action, au contraire, sur le mercure et l'argent métalliques. »

Voici, d'après M. Lecoq, l'analyse de cette eau :

Analyse trouvée.	Gram.	Analyse calculée.	Gram.
Carbonate de soude. . .	0,5400	Bicarbonate de soude. .	0,7641
Sulfate de soude.	0,0860	Sulfate de soude.	0,0860
Chlorure de sodium. . .	1,0500	Chlorure de sodium . . .	1,0500
Carbonate de magnésie.	0,1092	Bicarbonate de magnésie.	0,1663
— de fer. . . .	0,0036	— de fer. . . .	0,0049
— de chaux. . .	1,1975	— de chaux, . .	1,7227
Silice.	0,1167	Silice.	0,1167
Matière organique. . .	traces	Matière organique. . .	traces.
TOTAL des sels par litre d'eau. . . .	3,1030	TOTAL des sels par litre d'eau. . . .	3,9107
Acide carbonique. . . .	1,9408	Acide carbonique. . . .	1,1346
Azote	0,0389	Azote	0,0389

En 1831, M. Cocu fit construire quelques cabinets renfermant des baignoires en bois. Ce petit établissement thermal fut alimenté par la source de Sainte-Claire; mais comme ses eaux étaient trop froides, on les réchauffait dans une chaudière découverte où elles étaient exposées à l'action directe du feu.

Au bout de quelques années, cet établissement thermal fut entièrement abandonné.

3°. Grande source de la rue Sainte-Claire.

En 1838, M. Cocu eut l'heureuse idée de conduire l'ancienne source dont nous venons d'étudier les propriétés physiques et chimiques dans un enclos situé au-dessous de l'église de Saint-Eutrope. Il se proposait d'y construire un bassin et une école de natation.

Il obtint du conseil municipal l'autorisation de creuser un canal qui devait traverser la rue de Sainte-Claire.

Arrivés en face de la rue de la Morée, les ouvriers furent arrêtés par un banc de travertin ; on fit jouer la mine, et le rocher fut détruit ; mais alors on vit jaillir une source minérale très-abondante, et la fontaine de l'enclos de la Garde disparut. Comme le trop-plein de cette dernière source, en coulant au milieu de la rue, empêchait la glace de s'y former pendant l'hiver, le peuple s'ameuta, et M. Cocu ne put achever son canal. Une espèce de regard couvert d'une pierre fut bâtie au-dessus de la source nouvellement découverte, et depuis elle coule dans la rigole. Ces derniers travaux ont fait reparaître la source de l'enclos de la Garde.

4°. Nouvelle source de Sainte-Claire.

En creusant les fondements d'une muraille placée entre les maisons nos 27 et 29 de la rue de Ste-Claire, on découvrit, en 1838, une fontaine minérale qui a été achetée par M. Clémentel.

En 1845, cette fontaine a été conduite jusqu'à l'enclos du nouveau propriétaire. Elle est reçue dans un cuvage où l'on préparera bientôt des incrustations. Ses dépôts sont brillants et cristallins.

D. *Sources minérales, ponts, bains et incrustations du quartier de Saint-Alyre* (1).

Le faubourg de Saint-Alyre renferme un grand nombre de sources minérales, dont les dépôts ont couvert une partie de la rive droite du bief de Tiretaine. Ces dépôts offrent une épaisseur considérable, et sur quelques points ils ont jeté, au-dessus du cours d'eau, des ponts fort curieux qui ont fixé, depuis longtemps, l'attention des voyageurs et des naturalistes.

Ces fontaines et ces ponts sont cités, comme des phénomènes dans la *Gallia Christiana*, dans le *Mundus subterraneus* de Kirchker, dans le Supplément au Dictionnaire encyclopédique de la Martinière, dans le dictionnaire de la France, par d'Expilly, etc. (Legrand.)

Voilà ce qu'en dit Belleforest (2).

Au dedans de l'abbaye de Saint-Alyre « passe vn fleuue qu'on dit auoir esté iadis nommé Scateon et ores est dit Tiretaine, sur le cours de laquelle est posé ce merueilleux pont de pierre naturelle fait de

---

(1) Avant 1793, une partie de ce quartier appartenait aux Bénédictins; elle portait le nom d'abbaye de Saint-Alyre. C'est dans les enclos ou les jardins de cette abbaye que se trouvaient la source des bains, la grande source incrustante et les trois ponts de pierre. Avant 1665, une petite fontaine minérale coulait sur l'aqueduc qui fait suite au pont inférieur.

(2) Nouvelle édition de la cosmographie de tout le monde, par Munster, an. 1575.

l'eau d'vne fontaine qui s'endurcit en pierre non sans estonnement des effects miraculeux de la nature : et laquelle fontaine est à enuiron trois cens pas de la riuière (1), laquelle coulant vers la riuière susdicte, faict ceste durté pierreuse du pont par sous lequel passe le fleuue sus nommé... Ceste eau est alumineuse et ayant son cours le long d'vn canal de cent pas de long, ne faut s'esbahir si la chaleur du soleil cuisant ceste matiere l'a ainsi endurcie, non que i'attribue tout à ceste force solaire, ains confesse que la nature fait des choses qu'il est impossible a touts les philosophes du monde les plus sçauans de rendre raison. »

« Le feu Roy, Charles neuuième du nom, faisant son voyage de Bayonne voulut voir ce pont merueilleux et en visita et la facture qui n'est artificielle, et le cours de l'eau et la source d'ou elle procède, comme chose estrange et des plus rares miracles de nature qu'on voye guère en la France. »

Legrand-d'Aussy s'exprime ainsi : La source de l'enclos de la Garde « aboutit par quelques gargouilles, dans les rues d'Artheme et de la Moraie. Là tombant et coulant le long de murs, elle y a formé une sorte de bornes factices, plus ou moins grosses ; et dont l'une, entre autres, a six pieds et demi de hauteur, sur un

---

(1) Belleforest a voulu écrire trois cents pieds.

ou deux de saillie. La rue nommée des *Eaux* n'a presque, pour pavé que ces sédimens devenus pierre (1).

» De toutes ces fontaines gazeuses la plus connue ou au moins la plus célèbre, est celle qu'on voit dans un jardin potager qui appartenait aux bénédictins ; et c'est même là un des premiers objets de curiosité que les Clermontois s'empressent d'annoncer et de faire connaître aux étrangers qui arrivent en Auvergne. »

Legrand semble croire qu'une source unique a formé tous les travertins de Saint-Alyre (2). Une opinion semblable est exprimée d'une manière beaucoup plus explicite par M. Girardin, de Rouen. Mais comme les ponts supérieur et inférieur n'offrent pas les mêmes proportions de sels, ce chimiste suppose *que la composition des eaux de la fontaine* (la grande source incrustante) *n'a pas toujours été la même. A l'époque où elle* a déposé le pont inférieur, *elle était beaucoup plus riche en sels calcaires et en silice, et à mesure que cette propriété s'est affaiblie, elle a perdu peu à peu de ces principes en même temps qu'elle s'est enrichie en péroxide de fer* (3).

La position des sources minérales et des ponts,

---

(1) Tome 1, page 157.

(2) *Loc. cit.*

(3) Compte rendu des travaux de l'académie de Rouen, année 1836.

leur composition chimique, les documents historiques se réunissent; comme nous le dirons plus loin, pour démontrer l'inexactitude de cette assertion. Mais nous devons d'abord décrire les fontaines acidules du quartier de Saint-Alyre.

1°. Source de la rue des Chats.

Au coin de la grande rue Saint-Arthème et de la rue des Chats, au-dessous d'un portail de grange (1), coule une petite source acidule dont la température est de ─+─ 19°. Cette source nous a offert les mêmes dépôts et les mêmes caractères physiques que l'eau de la petite fontaine incrustante.

Depuis 1793 jusqu'en 1832, elle a servi à préparer des incrustations. Elle s'engageait dans un canal découvert, traversait les jardins situés au-dessous d'elle, et arrivait à une petite cabane couverte à paille, où des fruits et d'autres objets étaient soumis à son action. La chute d'eau n'avait pas plus d'un demi-mètre. Un peu plus loin, elle traversait une seconde cabane, et de là elle se rendait au ruisseau. Aujourd'hui la source de la rue des Chats coule au milieu de la rue, et se mêle aux eaux pluviales (1845).

2°. Petite source incrustante ou source de Saint-Arthème. Un puits creusé dans la maison n° 4 de la grande rue de Saint-Arthème, reçoit les eaux de cette

----

(1) La maison porte, en 1845, le n° 19.

fontaine. Ce puits est au sud et à vingt mètres de l'extrémité supérieure de l'aqueduc qui fait suite au grand pont de pierre.

Cette source, avant 1810, se perdait au-dessous des travertins; elle alimentait très-probablement la gargouille de la rue des Chats, placée au-dessus de la baraque portant le nº 32. Cette gargouille a été recouverte en 1816 (1).

En 1827, le propriétaire de la maison citée plus haut, ayant voulu creuser un puits, obtint, à son grand regret, une source saline dont il n'avait que faire. Cette habitation fut bientôt cédée à M. Clémentel.

La source minérale ne fut pas d'abord utilisée; mais M. Bouillet ayant pensé qu'elle pouvait être incrustante, M. Clémentel fit des essais qui réussirent au delà de ses espérances. Elle fut alors conduite sur le toit des cristallisoirs, à l'aide d'un canal couvert et d'une rigole en bois placée le long de l'aqueduc déjà cité.

L'eau de cette fontaine est limpide et incolore, sa saveur est un peu aigrelette et alcaline, sa température est de + 19°. Elle fournit seize litres d'eau à la minute (1844). Son analyse nous a donné les résultats suivants :

---

(1) Voyez plus loin l'article consacré au pont inférieur.

Analyse trouvée.	Gram.	Analyse calculée.	Gram.
Carbonate de soude. . .	0,5050	Bicarbonate de soude. .	0,7141
Sulfate de soude.	0,0818	Sulfate de soude	0,0818
Chlorure de sodium. . .	1,1500	Chlorure de sodium. . .	1,1500
Sels de potasse	traces.	Sels de potasse	traces.
Carbonate de magnésie.	0,1138	Bicarbon^te de magnésie.	0,1727
— de fer. . . .	0,0310	— de fer. . . .	0,0429
— de chaux. . .	1,0000	— de chaux. . .	1,4370
— de strontiane	traces.	— de strontiane	traces.
Alumine.	0,0150	Alumine.	0,0150
Silice	0,1000	Silice	0,1000
Sels de manganèse . . .	traces	Sels de manganèse . . .	traces.
Oxide de fer apocrénaté.	0,0250	Oxide de fer apocrénaté.	0,0250
Matière organique . . .	traces	Matière organique. . .	traces.
Perte.	0,1584	Perte	0,1584
TOTAL des sels par litre d'eau. . . .	3,1700	TOTAL des sels par litre d'eau. . . .	3,8969

Cette eau n'est point prescrite par les médecins.

3°. Grande source incrustante.

A l'entrée de la cour appartenant à M. Clémentel, près de l'angle sud-ouest de la maison, et à 42 ou 43 mètres du bief de Tiretaine, un puits recouvert d'une dalle renferme les eaux d'une fontaine abondante qui a principalement fixé l'attention des observateurs. A une époque très-ancienne, elle a formé le pont du milieu et une grande partie des travertins placés au-dessous de lui.

Avant 1788, le jardinier des Bénédictins s'en servait pour préparer des incrustations. Un aqueduc conduisait l'eau minérale dans le bief. Elle tendait sans cesse à l'exhausser; elle l'eût changé en une masse

solide, si l'on n'avait constamment arrêté ses progrès.
Tous les quinze jours, le jardinier cassait et enlevait
la pierre qui s'y formait, et l'une des clauses auxquelles, depuis longues années, ses baux l'astrei-
gnaient, était celle de l'entretenir toujours libre et
coulant. (Legrand.)

Après 1793, les nouveaux propriétaires ont con-
tinué l'œuvre de leurs prédécesseurs. A cette dernière
époque, un canal conduisait cette source à une petite
cabane bâtie à quelques mètres au-dessous du pont
du milieu, et renfermant les objets destinés à être
recouverts d'une couche calcaire. Depuis plusieurs années, une rigole ayant 70 mètres de longueur lui permet d'arriver sur le toit d'un grand cabinet construit
avec des briques, et placé à une très-petite distance
du pont inférieur.

La composition de cette eau a été étudiée par Lem-
mery à qui Tournefort en avait adressé quelques bou-
teilles (1). Ozy en a publié une analyse en 1748 (2),
et Vauquelin l'a comprise dans les recherches qu'il a
entreprises en 1799 (3). Berzelius s'est occupé de ses

---

(1) Histoire de l'académie des sciences. Paris, 1700.

(2) Analyse des eaux minérales de Saint-Alyre, par Ozy. Paris, 1748.

(3) Voyez les Annales d'Auvergne, 1844, page 96, et le
compte-rendu des travaux de l'académie de Rouen pour l'année
1836.

dépôts calcaires (1), et enfin MM. Lecoq (2) et Gi-rardin (3) en ont fait une étude spéciale.

A la sortie du canal souterrain qui commence au puits indiqué précédemment, et au moment où elle tombe dans les rigoles découvertes, l'eau de la grande source incrustante est limpide, incolore, d'une saveur aigrelette, alcaline et ferrugineuse. Elle laisse exhaler une légère odeur de bitume. Sa température est in-variable, elle est toujours de $+24°$. (Girardin.)

Cette source nous a donné cinquante-quatre litres d'eau par minute, le 21 novembre 1844.

Les gaz qui la traversent sont plus abondants avant et pendant les orages. Ils offrent la composition sui-vante (4) :

Gaz acide carbonique....	68,83
Azote...............	25,59
Oxigène.............	5,58
Total...............	100,00

Voici maintenant l'analyse de la grande source telle que l'a publiée M. Girardin :

---

(1) Annales de chimie et de physique, tome 28, page 403.

(2) Observations sur la source incrustante de Saint-Alyre. Clermont, 1830.

(3) Compte-rendu des travaux de l'académie de Rouen, 1836.

(4) Girardin de Rouen, *loc. cit.*

Analyse trouvée.	Gram.	Analyse calculée.	Gram.
Carbonate de soude. . .	0,4886	Bicarbonate de soude. .	0,6910
Sulfate de soude	0,2895	Sulfate de soude. . . .	0,2895
Chlorure de sodium. . .	1,2519	Chlorure de sodium. . .	1,2519
Carbonate de magnésie.	0,3856	Bicarbon^{te} de magnésie.	0,5730
— de fer	0,1410	— de fer	0,1950
— de chaux.. .	1,6342	— de chaux.. .	2,3480
Silice	0,3900	Silice	0,3900
Crénate de fer (1). . . .	0,0462	Crénate de fer.	0,0460
Matière organique . . .	0,0130	Matière organique. . .	0,0130
TOTAL des sels par litre d'eau.. . .	4,6400	TOTAL des sels par litre d'eau.. . .	5,7974

L'eau minérale de cette fontaine est tonique et stimulante, comme celle de Jaude. Elle peut être employée dans les mêmes circonstances, mais un préjugé ridicule empêche les Clermontois de s'en servir. Ils craignent qu'elle engendre des calculs (Lemonnier), ou qu'elle incruste leurs intestins. S'il en était ainsi, toutes les sources alcalines du bassin de l'Allier devraient être abandonnées, car toutes contiennent du bicarbonate de chaux.

4. Sources des bains.

Elle est à trente mètres à l'ouest de la précédente, et à peu près à la même distance du bief de Tiretaine. Un double canal souterrain l'amène au-dessus du pont supérieur; arrivée là, elle se divise en deux par-

---

(1) Ce sel est mêlé d'une quantité indéterminée de carbonate de potasse et de phosphate de manganèse.

ties. La presque totalité de l'eau minérale est destinée au réservoir des bains, le trop-plein coule sur le pont et augmente chaque jour ses dimensions.

L'eau de cette fontaine est en tout semblable à celle de la précédente ; mais sa température, au moment où elle arrive à l'établissement thermal, ne dépasse point -+- 20°. La quantité de liquide qu'elle peut donner à la minute est de 17 litres. Quand on cherche à épuiser cette source, le volume de la grande fontaine incrustante diminue et réciproquement. Cette expérience annonce qu'elles viennent toutes deux de la même fente et qu'elles communiquent au-dessous des travertins.

L'établissement thermal de Saint-Alyre a été créé en 1826. Il se compose d'un bâtiment ayant trente mètres de longueur sur sept mètres de largeur. Il renferme un générateur muni de soupapes de sûreté et de deux conduits. Par l'un d'eux, l'eau volatilisée se rend au bain de vapeur ; par l'autre, elle communique avec un serpentin qui réchauffe l'eau acidule dont est remplie une vaste cuve en bois. Deux tuyaux métalliques transportent l'eau minérale naturelle et l'eau minérale réchauffée dans des cabinets où sont placées une ou deux baignoires en bois. Ces cabinets sont au nombre de dix-neuf. Le dernier renferme une douche descendante.

Les bains de Saint-Alyre sont surtout fréquentés par les habitants de Clermont. Ils doivent être prescrits, lorsque leur température est de -+- 36 à -+- 38° centigrades, aux malades affectés de rhumatismes articulaires, musculaires et nerveux. A une température moins élevée on les ordonne aux personnes lymphatiques, scrofuleuses, rachitiques ou atteintes de gastro-entéralgies chroniques, de leucorrhée, d'engorgement de la matrice. Les chlorotiques, les convalescents débilités par des affections chroniques simples de l'estomac et du tube digestif peuvent aussi les prendre avec succès.

Leur action stimulante est quelquefois tellement prononcée qu'ils font rougir la peau et occasionnent des picotements très-marqués.

Le docteur Bertrand, de Pont-du-Château, vante l'usage des bains de Saint-Alyre dans les cas d'entorses négligées et de tumeurs blanches non douloureuses, etc. (1).

5. Sources du ruisseau.

Deux petites sources coulent sur la face supérieure des travertins et arrivent jusqu'au ruisseau de Tiretaine en traversant les couches profondes de la terre végétale où elles se mêlent aux eaux pluviales. L'une d'elles est à 12 mètres au-dessous du pont du milieu, l'autre à 12 ou 13 mètres au-dessus du pont inférieur. Leur origine est inconnue; mais on présume

(1) Annales d'Auvergne, 1842, page 64.

qu'elles viennent de la grande source incrustante.

6. Ponts et travertins.

Les travertins de Saint-Alyre couvrent la rive droite du bief de Tiretaine et occupent une étendue de 155 mètres environ. Ils remontent à 15 ou 16 mètres au-dessus de l'établissement thermal, et descendent à 23 ou 24 mètres au-dessous du pont inférieur. Ils sont interrompus çà et là par des maisons ou des terres cultivées. Les parties non recouvertes se présentent sous la forme d'escarpements ou de masses inégales et mamelonnées, coupées à pic ou surplombant le cours d'eau.

Sur trois points, l'eau minérale a formé des ponts que nous désignerons sous les noms de Pont supérieur, de Pont du milieu et de Pont inférieur.

a. Pont supérieur.

Il est en face de l'établissement thermal de Saint-Alyre. Son arcade est fort élevée, mais elle n'est pas complète ; sa longueur est d'environ 415 centimètres. Son extrémité libre s'avance un peu au delà du bief, sa base s'appuie contre un massif de travertins très-épais et très-large, qui est situé sur la rive droite du cours d'eau (1). Dans l'endroit où tombe l'eau minérale, on remarque un stalagmite cupuliforme, dont

---

(1) Vers le milieu de juin 1844, l'extrémité libre de l'arcade présentait une largeur d'un mètre, et elle s'arrêtait à 275 centimètres du mur de l'établissement thermal.

on retarde les progrès en la brisant de temps en temps.

De petites plantes acotylédones tapissent les surfaces humides et des touffes de graminées et d'*apium
graveolens* couvrent la face supérieure du calcaire incrustant.

Ce pont a commencé à l'époque où les Bénédictins,
voulant empêcher la source des bains d'envahir leur
jardin, ont dirigé ses eaux, à l'aide d'une rigole,
jusqu'au ruisseau de Tiretaine.

En **1788**, il était mieux arqué encore que les deux
autres ; mais son arche s'était brisée quelques années
auparavant. (Legrand.)

Plus tard et par suite de circonstances qui nous
sont inconnues, l'eau cessé de couler sur ce pont jusqu'en **1818**. C'est alors que **M.** Clémentel, voulant
montrer aux étrangers le procédé à l'aide duquel la
nature produit les travertins, a fait arriver de nouveau
l'eau minérale sur le point culminant de l'arcade.

Depuis **1818** jusqu'en **1844** (mai), les dépôts
calcaires ont acquis une épaisseur de **106** centimètres ;
ce qui fait **40** millimètres par année.

Après la construction et la mise en activité de l'é-
tablissement thermal, comme on utilise, durant la
belle saison, la source des bains, les progrès annuels
ont été réduits à **28** millimètres.

b. Pont du milieu.

Il est à **45** ou **46** mètres au-dessous du Pont supérieur, sa largeur est d'environ **8** mètres. Il a été

évidemment déposé par la grande source incrustante.
Sa formation remonte peut-être à l'époque ou l'Auvergne n'était point encore habitée. Il est de niveau
avec le sol des cours, et les voitures peuvent passer
dessus.

 c. Pont inférieur.

(*Synonymes.* — Pont naturel, Pont du Diable,
Pont minéral, Pont stalactite, Grand Pont de pierre.)

C'est le plus considérable des trois ponts de Saint-
Alyre ; il limite à l'est la propriété de M. Clémentel.
Sa partie septentrionale est soutenue par un mur moderne, sa partie méridionale se continue avec un aqueduc de travertin dont l'extrémité touche la baraque
n° 32 de la rue des Chats.

A son origine l'aqueduc est enfoui; mais bientôt
il sort de terre et s'élève de plus en plus au-dessus du
niveau des jardins. Il atteint près du ruisseau une
hauteur de 3 mètres (1).

Son premier tiers est convexe du côté de l'ouest,
ses deux derniers tiers sont légèrement concaves dans
le même sens. Il se dirige du sud-sud-est vers le nord-
nord-ouest.

Au moment où il arrive près du ruisseau, il s'élargit beaucoup, franchit le bief et se confond avec une
large culée de calcaire incrustant. Un peu plus loin,

_____

(1) Du côté de l'est.

il se détache du sol pour laisser passer un petit cours d'eau et il vient s'appuyer contre la muraille dont nous avons déjà parlé. Le bras principal de Tiretaine est par-delà cette muraille.

Voici les dimensions de l'aqueduc et du pont telles que nous les avons prises le 4 mai 1844.

	mèt. cent.
Face supérieure du pont, élévation au-dessus des eaux du bief.....................	5, 10
— du sol de la presqu'île.............	2, 70
— du sol des jardins du côté de l'est....	3, 10
Largeur du pont au niveau du bief........	5, 45
Largeur de l'aqueduc............. 1, 50 à	2, 10
Longueur du pont.....................	10, 00
Longueur de l'aqueduc..................	75, 00
Longueur totale du pont et de l'aqueduc...	85, 00

La différence de niveau entre l'extrémité supérieure de l'aqueduc et la partie la plus basse du pont est à peu près de 11 décimètres, ce qui donne une pente moyenne d'environ 1 millimètre trois dixièmes par mètre.

Les Bénédictins de Saint-Alyre, dit une ancienne légende, voulant empêcher le dépôt des fontaines minérales d'envahir le sol fertile de l'abbaye, dirigèrent leurs eaux de manière à les amener dans le ruisseau de Tiretaine qui traversait leurs propriétés. (Lecoq.)

Nos recherches nous autorisent à appliquer cette légende à la formation du Pont de Pierre, et nous justifierons plus loin cette opinion. Ce fait étant admis comme vrai, suivons pas à pas les progrès de l'incrustation.

Un canal découvert amène la petite source depuis la rue des Chats jusqu'au ruisseau ; l'eau tapisse les parois de ce canal d'une couche solide dont l'épaisseur est surtout considérable au voisinage du ruisseau, parce que le liquide minéral a perdu une grande partie de l'acide carbonique qui dissolvait les sels terreux.

Lorsque le travertin est arrivé au bord du bief, les carbonates de chaux, de magnésie et de fer, destinés à l'accroissement de sa partie inférieure, sont entraînés par l'eau courante, et il augmente seulement par sa face verticale ou septentrionale. Cet accroissement a pour résultat la formation d'une arcade incomplète et suspendue semblable à celle que nous avons désignée sous le nom de Pont supérieur.

Après qu'ils ont franchi le cours d'eau, les calcaires s'abaissent de plus en plus, l'eau tombe sur la rive opposée, une stalagmite s'élève et complète l'arcade.

Un massif volumineux recouvre en peu de temps la presqu'île située entre le bief et la rivière, mais un petit cours d'eau trouble de nouveau le travail de la source minérale, et une seconde arcade est jetée au-dessus de lui. Au moment où cette arcade incomplète se dirigeait vers le bras principal de Tiretaine, l'eau acidule a été détournée.

A mesure que le pont augmente et *chevauche* sur le ruisseau, des plantes végètent sur sa face supé-

rieure ; chaque année elles meurent et se recouvrent
d'une croûte calcaire. Elles rendent ainsi plus rapides
les progrès de l'incrustation. Quand on néglige de
nettoyer le canal, il se comble, l'eau déborde et augmente la largeur des travertins. On voit encore les
canaux secondaires qui ont donné passage à diverses
reprises au liquide minéral.

Les débordements sont surtout très-marqués près
du pont. Cela tient à ce que la pente y est moins
grande que partout ailleurs. Ils vont en s'affaiblissant
du côté de la rue des Chats. Ceci explique pourquoi
les masses de calcaires dont nous nous occupons,
ressemblaient autrefois à une longue pyramide dont
la base touchait le bief. Des travaux modernes ont
changé cette configuration.

Ainsi, « en 1774, les officiers municipaux firent
saper une portion de la base de ce mur, à côté du
grand pont ; on découvrit des mousses, des pailles,
des morceaux de bois incrustés dans cette masse où
ils s'étaient parfaitement conservés.

» La partie de ce mur qui a été sapée avait près
de trente pieds d'épaisseur sur dix-huit de hauteur (1). »

Enfin, dans ces derniers temps, M. Clémentel,
pour faciliter l'aménagement de la petite fontaine de

(1) Delarbre, Notice sur l'Auvergne, pages 203 et 208.

Saint-Arthême et rendre le pont de pierre moins ac-
cessible, a fait de nouvelles dégradations.

On croit généralement que le pont inférieur de
Saint-Alyre est fort ancien, et doit son origine à la
grande source incrustante analysée par M. Girardin,
de Rouen. Delarbre n'est point de cet avis.

« La source, dit cet auteur, dont les eaux ont
formé le mur et les *ponts*, est peu fréquentée (1). On
fait usage ordinairement, pour la cure de plusieurs
maladies, des eaux de la source qui est sur la petite
place au-dessus du moulin : elle est sous une petite
voûte ; elle dépose dans son bassin et dans son canal
de décharge un limon léger, ocracé ; on aperçoit, en
outre, dans ce même canal, à la distance de quelques
toises au-dessous, une matière d'une couleur gris-
clair, qui peut être regardée comme la substance sta-
lactifiante délayée (2). »

« Le canal de décharge, sur lequel s'accumule
cette écume, présente, à son extrémité, des plantes
couvertes de tuf durci, des mousses qui figurent la
coraline, des gramens dont le chalumeau représente

---

(1) La position des sources, la position et la composition des
travertins et la configuration des terrains, prouvent d'une manière évidente que les ponts supérieurs et moyens n'ont pas été
formés par la petite source incrustante.

(2) La seconde source a été décrite par nous sous le nom de
Grande-Source incrustante.

des tuyaux de pipe. J'ai aussi observé que le chaume des graminées incrustées végétait à l'extrémité supérieure qui était à découvert (1). »

Quant à nous, nous adoptons l'opinion de Delarbre en ce qui concerne le pont inférieur. Aussi allons-nous faire tous nos efforts pour démontrer que ce pont est postérieur à la création de l'abbaye de Saint-Alyre, et qu'il a été formé non par la grande source incrustante, mais bien par la gargouille de la rue des Chats, qui a disparu, et qui était évidemment alimentée par la fontaine de la rue Saint-Arthême.

Voilà nos preuves : 1°. La grande source est à quarante-deux mètres de distance et à un mètre et demi au-dessous du point culminant de l'aqueduc. Elle coule sous des travertins; on ne peut donc point la capter et la faire remonter au-dessus de son niveau actuel. La gargouille provenant de la petite source incrustante était au-dessus et à huit ou dix mètres de l'extrémité supérieure du mur de travertin; il est naturel de lui attribuer sa formation. 2°. Il n'existe aucune trace de conduit entre la grande source et l'aqueduc. On a trouvé, au contraire, des bétons dans la baraque n° 32, et dans la rue des Chats. Ces restes de canal se dirigeaient vers le sud.

3°. Les eaux de la source de Saint-Arthême ont

_____

(1) Delarbre, *loc. cit.*, page 205.

une grande puissance d'incrustation, et elles contiennent très-peu de sel martial. Celles de la grande fontaine incrustante sont très-ferrugineuses, et l'épaisseur de leur sédiment, dans un temps donné, est beaucoup moins considérable (1).

Les mêmes différences se montrent dans les travertins comme on peut le voir dans le tableau suivant emprunté au Mémoire de M. Girardin (2).

NOMS DES SELS.	PONT INFÉRᵣ.	PONT SUPÉRᵣ.
	Grammes.	Grammes.
Carbonate de chaux.........	40,224	24,400
Sulfate de chaux...........	5,382	8,200
Cabonate de magnésie.......	26,860	28,800
Péroxide de fer............	6,200	18,400
Sousphosphate d'alumine.....	4,096	6,120
Carbonate de strontiane......	0,043	0,200
Phosphate de manganèse.....	0,400	0,800
Silice....................	9,780	5,200
Crénate et apocrénate de fer..	5,000	5,000
Matière organique..........	1,200	0,400
Perte....................	0,015	1,080
Eau.....................	0,800	1,400
Totaux............	100,000	100,000

(1) Le dépôt formé en un an par la petite source incrustante offre une épaisseur de 0,143 millimètres ; celui de la grande ne dépasse point 0,028 millimètres.

(2) Cette analyse ne prouve nullement que la grande source a changé de composition. Elle vient, au contraire, à l'appui de notre système.

5. Nous avons encore d'autres preuves à faire valoir.

Fléchier raconte ainsi la visite qu'il a faite, en 1665, dans l'abbaye de Saint-Alyre : « Nous entrâmes dans le cloître et dans un petit jardin où l'on nous fit voir des grottes, des voûtes de rochers et des cabinets, et cent autres choses que fait en ce lieu une fontaine admirable qui change tout ce qu'elle arrose en pierre.

» Elle a fait, en coulant, un pont d'une grandeur considérable *qu'elle augmente tous les jours.* On dirait que cette petite source coule par-dessus pour y travailler, et qu'elle promet de le rendre encore plus grand si l'on ne la détourne (1). »

Ainsi, à l'époque où Fléchier a visité l'Auvergne, *une petite source coule* sur le pont de pierre. Cet écrivain aurait-il employé une semblable expression s'il avait eu l'intention de désigner la grande source incrustante dont le produit est de cinquante-quatre litres d'eau par minute?

L'eau minérale n'a point encore abandonné le canal du pont, en 1665. Elle a, sans doute, suivi le même trajet pendant les siècles précédents; il est donc possible, en prenant pour point de départ la puissance d'incrustation de la petite source de Saint-

<hr>

(1) Mémoire de Fléchier sur les Grands-Jours, édition de M. Gonod. Clermont-Ferrand, 1844, page 185.

Arthême, de calculer, à peu près, combien de temps il lui a fallu pour former le Pont inférieur.

Mais il est nécessaire, avant de faire ce calcul, de rappeler quelques faits. Avant **1665**, l'eau acidule parcourait un canal découvert de **80** à **85** mètres; en **1840**, les rigoles n'offrent la même disposition que dans une étendue de **36** à **38** mètres. L'avantage est tout entier du côté des anciens dépôts. Supposons néanmoins que les conditions sont les mêmes; oublions que des plantes végètent sur les bords de la source, et que leurs débris augmentent le volume des sédiments; l'accroissement des travertins vers leur extrémité septentrionale, sera de **143** millimètres par années. Or, la longueur du pont étant de **12** mètres, il a fallu pour qu'il ait atteint les dimensions actuelles environ **84** ou **85** ans. Mais souvent l'eau a abandonné ses conduits et a ruisselé sur les parties latérales du canal et du pont; l'arcade s'est peut-être brisée pendant les inondations, etc. Faisons une large part au travail d'élargissement et de réparation, et nous ne pourrons pas dépasser quatre siècles. Or, au dixième siècle l'abbaye de Saint-Alyre existe depuis longtemps, le Pont de Pierre est donc postérieur à l'établissement des hommes en Auvergne (1).

---

(1) L'abbaye de Saint-Alyre a été brûlée en 916 par les Normands, et rebâtie en 958. (*Gallia Christiana*). Paris, 1720, t. 2, p. 324.

On ne peut point supposer d'ailleurs qu'une source coulant dans un aqueduc élevé de plusieurs mètres au-dessus des terres voisines, et tendant, chaque jour, à combler son canal, ne l'abandonne point pour se jeter sur les endroits les plus déclives. Il nous paraît évident, d'après cela, qu'une main intelligente a dirigé l'édification du Pont inférieur.

Nous terminerons cette dissertation en rapportant un passage rempli de naïveté, emprunté à un ancien auteur. « Mais quelle chose au monde se peut representer plus estrange que les fontaines de la pierre qui sont à Clermont, au voisinage de Sainct-Alyre, visiblement presque elles petrefient. Il y a vn pont fort long et eminent, qui s'est faict en peu d'années du passage de ces Eaux : et est vray que si les meusniers qui sont au voysinage de ces sources, vouloyent laisser faire leurs Eaux, elles auroyent bien tost petrefié leur riuières et leurs moulins aussi; Mais ils sont curieux à interualles assez brefs de rompre la pierre qui s'y faict ; les Iardiniers et autres Païsans en font de mesme, dans les lieux où telle eau a necessairement son passage (1). »

7. Incrustations.

La théorie des incrustations est connue depuis plus d'un demi-siècle, et l'on a bien peu ajouté à ce que Fourcroy écrivait en l'an ix de la république. « L'a-

_____

(1) Jean Banc, page 12-2.

cide carbonique, dit cet auteur, dissout facilement le carbonate de chaux, et c'est ainsi qu'il est dissous dans toutes les eaux naturelles; lorsque cet acide se dégage de l'eau par le contact de l'air et surtout par l'action du calorique, le carbonate de chaux s'en dépose en poussière. Voilà ce qui arrive aux eaux qui forment des incrustations sur les corps qu'elles mouillent, dans les canaux qu'elles parcourent comme celles d'Arcueil près Paris, de Saint-Alyre à Clermont-Ferrand, des bains de Saint-Philippe en Italie, et une foule d'autres, etc. (1). » Fourcroy a omis de signaler certaines circonstances qui font varier la couleur des incrustations. En effet, les carbonates de magnésie, de fer et de strontiane; le sulfate de chaux, le phosphate de magnésie et de manganèse et la silice peuvent être maintenus en dissolution par l'acide carbonique ou la soude, et ces sels, en se déposant successivement ou simultanément, modifient la forme du carbonate de chaux, et la nuance des dépôts. Citons un exemple: La petite source incrustante de Saint-Alyre est peu ferrugineuse, et ses dépôts sont brillants et cristallins; la grande contient beaucoup de sel martial, et la surface des sédiments qu'elle abandonne est amorphe et terne. Mais, dans les deux cas, la cassure des produits

---

(1) Tome 4, p. 26. Du système des connaissances chimiques. Paris, an ix de la république française.

est fibreuse comme celle des aragonites du Tambour et de Saint-Nectaire.

Jean Banc ne dit rien des incrustations; Fléchier parle seulement des ponts, des grottes et des rochers; mais Chomel a vu des branches d'arbres, des plantes, des fruits et autres corps, se recouvrir d'une couche pierreuse; il a envoyé à feu M. Tournefort des grappes de raisins, des tiges de bouillon blanc et d'autres plantes pétrifiées. En les examinant avec attention, on reconnaît que ce sont des *incrustations* plus solides que celles des souterrains (1).

En 1788, les habitants de Clermont utilisent depuis long-temps la propriété incrustante des eaux de Saint-Alyre. Ils placent sous le jet de la fontaine de petits objets qui se recouvrent d'une couche calcaire, et qu'ils s'empressent de montrer aux étrangers qui visitent l'Auvergne. Le jardinier de l'abbaye fait un petit commerce d'animaux et de végétaux pétrifiés. (Legrand.)

Après la grande révolution française, cette industrie a acquis chaque jour plus d'importance, et l'on a agrandi successivement les grottes en même temps qu'on a rendu plus long le trajet de l'eau minérale afin de lui enlever en partie le sel martial qu'elle renferme.

_____

(1) Page 342.

En 1829, on décombre au Mont-Cornador des sources minérales dont le sédiment est cristallin. Quelques années plus tard, la petite source calcaire de Saint-Alyre est recueillie, et M. Clémentel reconnaît bientôt qu'elle donne des produits presque aussi beaux que ceux de l'établissement rival de Saint-Nectaire.

Telle est en résumé l'histoire des incrustations d'Auvergne, qui produisent de nos jours des revenus assez considérables. Voici quel est actuellement l'état des lieux.

Les eaux de la grande source parcourent dans des rigoles découvertes une étendue de 70 mètres. Elles perdent d'abord beaucoup de carbonate de fer; plus loin leurs dépôts sont plus exclusivement calcaires et moins colorés. Arrivées sur le toit des grottes, elles s'engagent dans des ouvertures pratiquées à cet effet, et elles tombent sur de grosses pierres d'où elles jaillissent en gouttelettes sur des objets placés autour du jet d'eau. Elles descendent ainsi d'étage en étage en formant de petites cascades jusqu'au moment où elles arrivent au ruisseau.

La même chose a lieu pour la petite source; seulement la longueur des rigoles découvertes de cette dernière est d'environ 38 mètres, et l'eau coule en nappes sur les corps et les médailles dont l'incrustation doit être brillante. Pour faire des médailles lisses et polies, l'eau doit être projetée, sous la forme de gouttelettes, sur des moules en creux qu'on peut préparer avec du soufre ou de la gomme-laque (1). Lorsque la croûte est suffisamment épaisse, on laisse sécher le calcaire, et en frappant un coup sec à la jonction du moule et de l'incrustation, on sépare la médaille.

Énumérons les objets habituellement soumis à l'action de l'eau minérale : Ce sont des bas-reliefs, des bustes, des médailles, des statuettes et autres objets en soufre, en porcelaine sans émail, ou en terre cuite, des animaux empaillés, des corbeilles pleines de fleurs, de feuilles ou de fruits (2); des œufs, des nids, des oiseaux, et des paniers de métal, etc.....

Le soufre a l'inconvénient d'agir sur le fer des eaux martiales quand il reste long-temps sous l'eau, et de produire des veines brunes et noires de sulfure de fer.

Si nous résumons les faits signalés plus haut, nous voyons qu'avant le dix-huitième siècle, les propriétaires des sources de Saint-Alyre ne songeaient qu'à se débarrasser de leurs eaux, parce qu'elles rendaient infertiles les terres de leurs jardins; tandis que dans ces derniers temps on les a recueillies avec soin, et on s'en est servi pour préparer des bains médicinaux et des incrustations fort curieuses. C'est à la famille Clé-

(1) Il faut avoir soin de passer sur ces moules une couche d'essence de térébenthine, et de les brosser ensuite avec une brosse douce.

(2) Ces objets doivent être peu charnus et offrir une certaine consistance.

mentel qu'on doit, en grande partie, ces heureux et utiles changements.

COMPAINS et CHASTREIX.

M. Guillaume signale, dans sa carte de canton, l'existence de deux sources minérales qui jaillissent dans les environs de Compains, au nord du lac de Monteineyre, entre les burons de la plaine et d'Escoufont. Une troisième fontaine désignée par Desmarest, sous le nom de *Font sala*, appartient à la commune de Chastreix; elle est placée dans un ravin creusé sur le versant méridional des Monts d'Or, entre le puy Gros et le hameau du Mont.

CORNE, voyez BOURG-LASTIC.

CORNET, voyez GLAINE-MONTAIGUT et MARTRES-DE-VEYRE.

COUDES et NESCHERS.

A peu de distance de la ville de Coudes, des suintements d'eau minérale acidule, calcaire et ferrugineuse apparaissent çà et là au milieu des graviers, formant le lit de la Couze. Ces filets d'eau sont les restes des sources plus abondantes qui ont déposé les travertins placés sur les deux rives de ce cours d'eau.

Au-dessous de Montpeyroux et au bord de l'Allier, des eaux minérales ont traversé jadis des couches épaisses de cailloux roulés fort anciens, et leur ont abandonné un ciment d'aragonite qui les a agglutinés. Quand elle a pénétré dans des cavités, l'eau les a tapissées de cristaux aiguillés très-blancs de carbonate de chaux.

Il paraît qu'il existe aussi quelques petites sources minérales dans les environs du village de Neschers. (L'abbé Croizet.)

COURPIÈRE.

Le ruisseau du Couzon qui prend naissance sur les limites des communes d'Aubusson et d'Augerolles, se réunit à la rivière de la Dore, immédiatement au-dessous de la ville de Courpière. En remontant ce cours d'eau, on arrive à un monticule granitique dont le sommet est couronné par le village de Rhodias. C'est au pied de ce monticule, sur la rive gauche et très-près du Couzon, que s'échappent les sources de Courpière. La plus connue porte le nom de fontaine du Salé.

Voici quelques renseignements fort exacts qui sont extraits des notes recueillies par nous sur les lieux le 3 juin 1844 :

1°. En face du moulin de Rhodias, on aperçoit, au milieu des graviers, plusieurs dégagements d'acide carbonique.

2°. Un peu plus bas, sur un tertre élevé d'environ 2 mètres au-dessus des eaux du ruisseau, une source froide acidule remplit un petit creux entouré de gazon. Elle paraît aussi abondante que la source du Salé.

3°. Une autre source jaillit à un mètre et demi de

distance de la précédente. Elle fournit moins d'eau, mais le courant d'acide carbonique qui la fait bouillonner est plus abondant.

4°. Une troisième source sort des graviers.

5°. Enfin la fontaine du Salé est placée à 180 pas au-dessous de la première et sort des fentes du granite.

Les caractères physiques et chimiques de ces eaux sont absolument les mêmes. Toutes sont traversées par des courants d'acide carbonique abondants ; toutes laissent déposer un sédiment ocracé et de la matière organique. Elles sont limpides et incolores, et leur saveur est aigrelette, ferrugineuse et alcaline ; elle rappelle celle des eaux de Vichy. Leur température varie entre + 13,5 et + 14° centigrades. La fontaine du Salé est la plus froide de toutes.

L'analyse suivante qui indique la composition de ces eaux a été faite par nous en 1844.

Analyse trouvée.	Gram.	Analyse calculée.	Gram.
Carbonate de soude. . .	1,8410	Bicarbonate de soude. .	2,6154
Sulfate de soude	0,0594	Sulfate de soude	0,0594
Chlorure de sodium. . .	0,0572	Chlorure de sodium. . .	0,0572
Carbonate de magnésie.	0,4600	Bicarbon^te de magnésie.	0,6977
— de fer. . . .	0,0300	— de fer	0,0415
— de chaux.. .	0,5000	— de chaux. . .	0,7185
Silice	0,0750	Silice	0,0750
Apocrénate de fer.. . .	traces.	Apocrénate de fer.. . .	traces.
Matière organique . . .	traces.	Matière organique . . .	traces.
Perte	0,1774	Perte	0,1774
TOTAL des sels par litre d'eau.. . .	3,1000	TOTAL des sels par litre d'eau. . . .	4,4421

Les eaux de Courpière sont opposées avec succès aux affections atoniques du tube digestif, aux dyspepsies, à la chlorose, à l'anémie et aux engorgements qui succèdent aux fièvres intermittentes. Leur composition chimique nous fait supposer qu'elles peuvent être utiles aux goutteux, aux calculeux, aux graveleux et aux personnes affectées d'inflammations chroniques des muqueuses génito-urinaires.

Elles sont très-fréquentées par les habitants des cantons de Courpière et de Thiers.

DORE-L'ÉGLISE.

Les renseignements dont nous allons donner l'analyse, sont extraits d'une lettre écrite par M. Bouchet, curé de Dore-l'Église (1).

1°. Il existe au milieu du village du Barsac une source qui était très en vogue autrefois; elle a été abandonnée depuis quelques années.

2°. Une seconde fontaine minérale est au milieu des prairies et non loin de la première.

3°. Une troisième s'échappe à côté du hameau du Saut ou du Saul; elle guérit la *fièvre* et les maux de tête.

4°. Une quatrième source est indiquée, mais on

_____

(1) Dans les renseignements qui ont été transmis au professeur Gonod, on signale également les sources du Saut et du Barsac, et nullement celle de Josse ou de Fosse.

ne dit ni son nom ni celui du hameau voisin. Serait-ce celle qui est désignée par Legrand-d'Aussy et l'auteur du Dictionnaire des communes, sous les noms de Fosse ou de Josse.

Les eaux minérales de la commune de Dore sont acidules, ferrugineuses et très-peu salines. Elles ressemblent à celles d'Arlanc.

ENVAL, voyez SAINT-HIPPOLYTE.

FONT-SALADE, FONT-SALA, FONT-SAULCE, voyez GLAINE-MONTAIGUT, GRANDEYROL, VERNINES-AURIÈRES et COMPAINS.

GERLE, voyez AMBERT.

GIMEAUX (1).

La commune de Gimeaux renferme plusieurs sources minérales acidules; l'une d'elles vient sourdre à une petite distance du chemin de Prompsat. Elle a déposé une si grande quantité de travertins qu'il a fallu les détruire en partie pour désobstruer le chemin.

« On y a pratiqué une grotte haute de quatre à cinq pieds, large de vingt-quatre et profonde de douze (2). »

Indépendamment de cette fontaine, il en existe

---

(1) Quelques auteurs anciens donnent au village de Gimeaux le nom de Jumac.

(2) Dict. topographiq., 1814, page 76.

une autre qui est au sud-ouest du village, à côté du ruisseau.

Une troisième plus éloignée et plus chaude, est au nord-nord-ouest de l'église (1).

La saveur des eaux de Gimeaux est aigrelette, salée et légèrement ferrugineuse. L'eau de la dernière source fait monter le thermomètre à +- 24 ou 25°; elle contient, d'après Mossier, les substances suivantes (2) :

Analyse trouvée.	Gram.	Analyse calculée.	Gram.
Sulfate de soude.	0,6900	Sulfate de soude.	0,6900
Chlorure de sodium. . .	0,8165	Chlorure de sodium . . .	0,8165
— de magnésium	0,0796	— de magnésium	0,0796
Carbonate de magnésie.	0,9558	Bicarbon^{te} de magnésie.	1,4488
— de fer. . . .	traces	— de fer. . . .	traces.
— de chaux. . .	0,2389	— de chaux. . .	0,3433
Sulfate de chaux	traces	Sulfate de chaux	traces.
Substance bitumineuse .	traces.	Substance bitumineuse .	traces.
TOTAL des sels par litre d'eau. . . .	2,7808	TOTAL des sels par litre d'eau. . . .	3,3782
Acide carbonique. . . .	16 pces cubes.		

Ces eaux sont fréquentées par quelques paysans.

GLAINE-MONTAIGUT ou SAINT-JEAN-DE-GLAINE.

Glaine-Montaigut possède deux sources minérales.

(1) Renseignements fournis par M. Bravy, maire de la commune.

(2) Notes manuscrites de Mossier.

La première est peu connue et peu fréquentée. Elle porte, à ce qu'on nous a dit, le nom de Font-Salade. La seconde, celle du Cornet, est dans une petite vallée située entre le château du Cornet et celui de la Molière.

L'eau de cette fontaine est froide et limpide. Elle tient en dissolution une grande quantité d'acide carbonique. Le résidu obtenu par nous, en évaporant un litre de ce liquide, a été de **46** centigrammes; les sels solubles se composaient de carbonate, sulfate et hydrochlorate de soude (**20** centigrammes); les sels insolubles de carbonate de chaux mêlé d'un peu de silice et de carbonates de magnésie et de fer (**26** centigrammes).

La source du Cornet est très en vogue parmi les habitants des communes voisines. Elle convient aux personnes dont les digestions sont pénibles et laborieuses.

GRANDEYROL et MONTAIGUT.

1°. Sources de la tour Rognon.

Comme ces fontaines sont placées sur les limites des communes de Grandeyrol et de Montaigut, plusieurs auteurs leur ont donné le nom de ce dernier bourg. Indiquons d'une manière précise leur position topographique.

En suivant le chemin qui conduit de Montaigut-le-Blanc à Saint-Nectaire, on trouve, après avoir marché pendant dix ou douze minutes, un ruisseau qui

baigne, du côté de l'est, la colline de la tour Rognon.
Si l'on remonte le cours de ce ruisseau, en cotoyant sa
rive droite, après avoir parcouru un espace de moins
de mille mètres, on rencontre cinq sources minérales,
sortant des fentes du granit. Elles sont très-rapprochées les unes des autres. Les paysans des environs
les connaissent sous la dénomination de *Font-Saulce*
(fontaine salée).

Elles appartiennent depuis bien des années à la
famille de Laizer, comme le prouve la déclaration suivante : « **Plus déclare luy appartenir** (au marquis de
Laizer) une source d'eau minérale située aux appartenances de Grandeyrolles, terroirs du Sail-sous-Gran-
deyrolles, sur le bord du ruisseau (1). »

La température des sources de la tour Rognon varie
entre -+- 12°,5 et -+- 13° centigrades. Une seule
d'entre elles est abondante. Elles sont toutes traversées
par des courants d'acide carbonique. La saveur de
leurs eaux est aigrelette, salée, un peu alcaline et
ferrugineuse. Leur dépôt se compose de carbonate de
chaux et de fer. Un peu de matière organique verte
surnage dans les endroits où ces liquides séjournent
pendant un certain temps.

---

(1) Extrait d'un acte de déclaration de foi et hommage de
Mgr Louis-Gilbert, marquis de Laizer, etc., en date du 18 mai 1784.
Cet acte nous a été communiqué par M. le marquis de Laizer,
auquel appartiennent encore aujourd'hui les fontaines de la tour
Rognon.

Ces eaux attirent quelques malades. On les prescrit comme stimulantes aux personnes dont les digestions sont lentes et laborieuses.

2°. Sources de Verrières.

Elles sont au nombre de trois. Elles s'échappent des fentes de la lave qui remplit le fond de la vallée de la Couze et sur la rive droite de ce cours d'eau.

La première est à l'est de Verrières, un peu au-dessous du pont. Sa température est de -+- 10,5.

La seconde est dans le lit de la rivière, et plus haut que le pont. Elle est froide comme la précédente, mais elle est un peu plus abondante.

La troisième est à l'ouest du village, sur un tertre couvert de gazon, et presque immédiatement au-dessus de la cascade de Verrières. Elle est entourée de suintements laissant déposer des matières ocreuses. Sa température est de -+- 11,5.

L'eau de ces trois fontaines est acidule, saline, ferrugineuse et calcaire. Une écume verdâtre nage à sa surface; elle est formée par de la matière organique verte. Nous ne savons point si ces eaux sont utilisées.

GRANDRIF (1).

Grandrif est bâti sur les pentes occidentales des

---

(1) Cette notice est extraite des *Recherches analytiques et médicinales de Grandrif*, publiées à Clermont, en 1838, par M. H. Lecoq.

montagnes du Forez. La source qui porte le nom de ce village est un peu plus haut. Pour y arriver on remonte le ruisseau principal désigné jadis sous le nom de *Magnus-Rivus*, et l'on rencontre bientôt un petit cours d'eau tributaire du premier. Il faut suivre sa direction.

Le chemin que l'on parcourt est ombragé par des touffes d'arbrisseaux ou par les arbres élevés d'une magnifique forêt.

C'est dans ce lieu champêtre, sur la lisière d'un bois et soustrait aux rayons du soleil que sourde l'eau minérale de Grandrif. Elle sort d'une roche de gneiss qui constitue la presque totalité du sol de la contrée. Une fracture de ce terrain lui livre passage, et elle est recueillie dans un petit bassin creusé dans le roc. Lorsqu'on vide ce bassin, on reconnaît que ses parois sont tapissées d'un dépôt d'une belle couleur orangée.

Cette source fait monter le thermomètre centigrade à + 10°.

L'eau minérale est parfaitement limpide et transparente, d'une saveur aigrelette et piquante très-agréable. Sa pesanteur spécifique est de 1,00066.

M. Baudin, ingénieur des mines et professeur de chimie industrielle de la ville de Clermont-Ferrand, a bien voulu se charger de l'analyse quantitative de cette source.

Voici les résultats de ses recherches :

Analyse trouvée.	Gram.	Analyse calculée.	Gram.
Carbonate de soude. . .	0,0702	Bicarbonate de soude. . .	0,0993
Sulfate de soude.	0,0051	Sulfate de soude.. . . .	0,0051
Chlorure de sodium. . .	0,0038	Chlorure de sodium. . .	0,0038
Carbonate de magnésie.	0,0662	Bicarbonte de magnésie.	0,1005
— de fer (1).. .	0,0081	— de fer. . . .	0,0012
— de chaux. . .	0,2308	— de chaux.. .	0,3316
Silice	0,0455	Silice	0,0455
TOTAL des sels par litre d'eau. . . .	0,4297	TOTAL des sels par litre d'eau. . . .	0,5870
Acide carbonique. . . .	1 vol.		

Deux analyses de l'eau de Grandrif avaient déjà été faites avant celle que je viens de rapporter. La première, par M. Désaux, pharmacien à Poitiers, qui avait reconnu la présence de la plupart des substances que nous venons de citer; la seconde, par M. le docteur Carré, de la même ville. Cette dernière, plus détaillée, a été insérée dans le Journal de chimie médicale de septembre 1836. M. le docteur Carré a tiré tout le parti possible de la petite quantité d'eau qu'il avait à sa disposition, et ses résultats se rapprochent beaucoup de ceux que nous venons de rapporter; mais il n'a pas trouvé de sulfates ni de chlorures, sels qui eussent également échappé à MM. Baudin et Lecoq s'ils n'avaient pu opérer que sur une quantité de quatre

---

(1) Dans les analyses publiées par MM. Lecoq et Baudin, on suppose que le fer est à l'état d'oxide. La quantité de cet oxide est de 0,0050.

grains de résidu , comme il a été obligé de le faire.
M. Carré a trouvé aussi plus d'acide carbonique que
M. Baudin. Il en indique un volume et un cinquième,
différence qui n'a rien d'étonnant, et qui prouve du
moins que l'eau de Grandrif transportée conserve parfaitement son gaz, puisque l'analyse, faite à Poitiers,
lui est plus favorable que celle faite près de la source.

« D'après ce qui précède , dit le savant médecin dont
» nous venons de citer l'analyse, nous croyons pou-
» voir considérer cette eau comme ayant des proprié-
» tés remarquables ; elle aurait , selon nous, de
» l'analogie avec les eaux de Seltz ; elle serait rafraî-
» chissante , apéritive , diurétique ; nous pensons
» qu'elle pourrait faciliter la digestion, calmer les
» douleurs d'entrailles, être employée avec succès
» dans les cas d'embarras gastrique, de débilité de
» l'estomac et des organes gastro-intestinaux , d'hy-
» pochondrie, d'engorgements abdominaux et de
» catarrhes chroniques. »

« J'ai pu , sur les lieux mêmes, vérifier la plupart
des inductions que M. le docteur Carré avait tirées de
l'analyse des eaux de Grandrif, et j'ai vu qu'en effet
ces eaux avaient une action très-marquée sur tous les
organes de la digestion. Chaque fois qu'il y a déla-
brement de l'estomac, appauvrissement du système
sanguin, et, par une réaction presque constante, exal-
tation de la susceptibilité nerveuse, les eaux de
Grandrif ramènent le calme et la régularité qui n'ap-

partiennent qu'à l'état normal. Les diverses affections
connues sous les noms de gastralgie, dyspepsie, car-
dialgie, cèdent le plus souvent à leur action tonique
et légèrement stimulante, bien qu'une médication
contraire semble parfois indiquée. » (H. Lecoq.)

Les migraines, les chloroses ou pâles couleurs, certaines dépravations de l'appétit, si communes chez les
hypochondriaques, seraient, sans doute, améliorées
par l'usage de ce liquide minéral. Enfin, tous les ans
on rencontre à Grandrif des personnes qui viennent
boire les eaux pour arrêter des fièvres intermittentes
invétérées. M. Maisonneuve, médecin à Ambert, qui,
dans ces recherches, a aidé M. Lecoq de son expérience et de ses lumières, assure les avoir vues souvent
réussir dans cette dernière maladie, alors même que
le quinquina et les moyens usités, en pareil cas,
avaient été impuissants.

GRIPIL, voyez MARAT.

JAUDE, voyez CLERMONT.

JAVELLE, voyez BROMONT.

JOB.

Les sources de Sagnetat, de la Becherie et de la
Souche, jaillissent sur le territoire de la commune de
Job. La première est au sud-ouest et tout près de
Job, dans une prairie. Elle est peu abondante, et
un dégagement d'acide carbonique la traverse.

Comme elle est très-rapprochée du chef-lieu de la commune, on lui donne la préférence. (Coiffier, docteur.)

La fontaine de la Becherie est également acidule, mais elle fournit une quantité d'eau plus considérable. Elle est au nord de Job. (Maisonneuve, médecin à Ambert.)

La source de la Souche est à une petite distance du hameau du même nom.

Les eaux de ces fontaines sortent des terrains cristallisés; elles sont limpides, piquantes, froides et peu actives. Leurs propriétés physiques, chimiques et médicinales, diffèrent peu de celles des eaux de Grandrif. L'eau de la Becherie contient par litre 62 centigrammes de substances solubles ou insolubles; celles de Sagnetat et de la Souche sont un peu moins salines.

JOSE.

Les eaux de Médague appartiennent à la commune de Jose. Elles s'échappent sur la rive droite et dans l'ancien lit de la rivière d'Allier. Elles ont été désignées par les anciens auteurs, sous les noms de Joze-les-Maringuez, de Medaigues et de Medesques.

Ces fontaines n'étaient point connues du monde savant, lorsque, à la fin du seizième siècle, un médecin distingué de Thiers, nommé Bachot, les mit en usage. (Jean Banc.) Les lieux où venaient sourdre les eaux de Médague, étaient à peu près ce qu'ils sont aujourd'hui. « Ce sont, écrit un ancien auteur, petits lacs entiers de telles merueilles qui ont leurs sources presque en eux-mesmes pour la plus-part ; chargées de roseaux en quelques endroits : par le milieu d'vne infinité d'oyseaux aquatiques, principalement en hyuer : et aux lieux moins humides et couuerts, d'armées presque de pigeons recherchans l'acuité des feces de ceste Eau minérale. »

« Il y a, outre cela, deux insignes sources separées l'vne plus haulte et prochaine de la riuière que l'autre dans vn pré marescageux. Ceste-cy est claire et froide à merueille, couuerte d'infinis bouillons, piquante et fort vaporeuse au goust et m'a tousiours semblé quand ie l'ay soigneusement et ententiuement goustée qu'elle auait ses qualitéz plus releuées et estenduës que celles de Pougues.

» L'autre source est plus basse, mais ce me semble plus profonde dans la prairie ; elle n'est si picquante à mon goust, ny si claire à l'œil mais ses feces paroissent plus orangées dans les lieux de leur cours que des précédentes (1). »

Nous allons indiquer l'itinéraire qu'il convient de suivre quand on doit visiter toutes les sources miné-

---

(1) Jean Banc, page 86-2 et 87.

rales de Médague. Ces sources sont au nombre de trois (1).

1°. Source du Gros-Bouillon.

Après avoir traversé l'Allier au niveau de l'église de Jose, on marche vers l'orient et l'on arrive à un lac étroit et fort long, dont la rive orientale est ombragée par une rangée d'arbres, tandis que des marais se remarquent sur la rive opposée. On cotoie ce lac en remontant vers le sud, et l'on atteint bientôt un petit escarpement au pied duquel sont entassés des blocs de travertins et des fragments de brèches formées de cailloux roulés noirs empâtés dans un ciment d'aragonite blanche. C'est là que vient sortir la source du Gros-Bouillon. Les dégagements d'acide carbonique qui l'accompagnent, occupent un espace de huit à dix mètres. Le courant le plus considérable est du côté du midi. A côté des sources on voit, au milieu du lac, deux petites îles où croissent des saules, des aulnes, des menthes, des scrofulaires et diverses espèces de graminées parmi lesquelles on remarque le *poa maritima*.

2°. Source des Graviers.

En quittant le Gros-Bouillon, on prend un chemin d'exploitation qui traverse des terres sableuses et peu fertiles et se dirige vers le sud-ouest. Après avoir parcouru un espace de quatre à cinq cents pas, on arrive

---

(1) M. Bertrand, du Pont-du-Château, assure qu'une quatrième source existe dans le lit actuel de la rivière.

à un bassin ayant la forme d'un carré long, et dans lequel se réunissent les eaux d'une fontaine acidule, saline et ferrugineuse (1).

Les dégagements d'acide carbonique sont peu considérables, mais ils sont très-multipliés. Les bords du bassin sont tapissés d'une couche de carbonate de chaux; le trop-plein de la source est couvert d'une croûte de matière organique mêlée de carbonates de chaux et de fer.

3°. Source du Petit-Bouillon.

En partant de la source du Gravier, on se dirige vers le domaine de Médague, et après avoir marché l'espace de cinq à six cents pas, on voit, dans un champ cultivé, un creux rempli d'eau minérale maintenue dans un état apparent d'ébullition par un dégagement d'acide carbonique. Ce bassin est entouré de gazon. Les bords de ces diverses sources sont presque toujours entourées de pigeons, et quand on chasse ces animaux en allant à la fontaine des Graviers, ils se réfugient auprès du Petit-Bouillon, et peuvent guider le voyageur qui cherche cette dernière fontaine.

La température des sources de Médague varie entre + 15 et + 16° centigrades. Leur saveur est acidule, alcaline et très-peu ferrugineuse. La source du lac est évidemment mêlée d'eau douce; aussi son goût

---

(1) Le bassin qui est en maçonnerie offre une longueur de deux mètres et demi et une largeur de 130 centimètres.

est-il moins piquant et moins salé. La source des
Graviers est la seule qui soit fréquentée. Elle mérite
la préférence qu'on lui donne (1).

L'examen que nous avons fait de ses eaux, en 1845,
nous a fourni les données suivantes :

Analyse trouvée.	Gram.	Analyse calculée.	Gram.
Carbonate de soude. . .	1,0320	Bicarbonate de soude. .	1,4594
Sulfate de soude	0,1423	Sulfate de soude	0,1423
Chlorure de sodium. . .	1,1824	Chlorure de sodium. . .	1,1824
Carbonate de magnésie.	0,1620	Bicarbonᵗᵉ de magnésie.	0,2457
— de fer. . . .	0,0400	— de fer. . . .	0,0554
— de chaux. . .	1,6000	— de chaux. . .	2,2993
Sulfate de chaux. . . .	traces.	Sulfate de chaux. . . .	traces.
Silice	0,1000	Silice	0,1000
Matière organique . . .	traces.	Matière organique. . .	traces.
Perte	0,0813	Perte	0,0813
TOTAL des sels par litre d'eau. . . .	4,3400	TOTAL des sels par litre d'eau. . . .	5,5658

Après Bachot, Raulin a fait l'éloge des eaux de
Médague, et Massillon, évêque de Clermont, en a
fait usage pour des coliques néphrétiques, pendant
qu'il habitait son château de Beauregard (2).

Ajoutons que, depuis bien des siècles, les eaux
minérales de cette localité sont fréquentées par les
habitants des plaines marécageuses faisant partie des

---

(1) La source du Gros-Bouillon appartient à la commune de
Jose, les fontaines du Petit-Bouillon et des Graviers à des parti-
culiers.

(2) Legrand, tome 2, page 283.

cantons de Maringues, d'Ennezat, de Riom, de Pont-
du-Château, de Vertaizon, de Lezoux et de Billom.

Elles sont surtout employées pour combattre les
engorgements du foie et de la rate, et les hydropisies
qui succèdent aux fièvres intermittentes.

Le docteur Bertrand, du Pont-du-Château (1), qui
a fait une étude particulière de cet agent thérapeutique,
le conseille dans les maladies chroniques des voies urinaires (2), la chlorose, les gastro-entéralgies, et certaines modifications du tube digestif qui rendent les
digestions lentes et difficiles. Ce médecin le prescrit
également aux personnes affectées d'*inflammations
chroniques de la muqueuse intestinale et des glandes
mésentériques.*

Les eaux de Médague améliorent ou guérissent les
engorgements occasionnés par les fièvres intermittentes
rebelles ; elles font également cesser les fièvres réglées
qui ont résisté à l'administration du quinquina ou de
ses succédanés. M. Parrot, inspecteur des sources de
Médague, veut qu'on les oppose à la leucorrhée et aux
engorgements utérins (3). Elles conviennent également dans la goutte et la gravelle.

Ces eaux s'administrent, le matin, à la dose de

---

(1) Annales de l'Auvergne, 1842, page 33.
(2) Parmi lesquelles il faut comprendre les graviers et les
calculs de la vessie.
(3) Notice sur les eaux de Médague, pièce de la préfecture.

deux à huit verres. On doit en boire davantage quand on veut obtenir un effet purgatif.

Si les malades les digèrent bien, ils peuvent en prendre à leur repas, après les avoir mêlées avec un peu de vin.

Employées en lotions, elles améliorent les ulcères chroniques et l'atonie des gencives. (Bertrand.)

Souvent les habitants des campagnes abusent de ce remède. Il résulte de cet abus des superpurgations, des gastro-entérites plus ou moins intenses ou des recrudescences des affections que ce remède est destiné à combattre. (Bertrand.)

JOSSE, voyez DORE-L'EGLISE.

JUMAC, voyez GIMEAUX.

LA BECHERIE, voyez JOB.

LA BOSSE, voyez AIGUEPERSE.

LA CHONS, voyez AMBERT.

LA SOUCHE, voyez JOB.

LA FAYOLLE, voyez SAINT-AMANT.

LA FROUDE, voyez SAINT-OURS.

LAGARDE, voyez CLERMONT et CHAMBON.

LA GERLE, voyez AMBERT.

LA GORCE, voyez NÉBOUZAT.

LA PIQUE, voyez CHAMBON.

LAPS.

Nous avons visité, près du village de Laps, au pied du puy Saint-Romain, une petite fontaine acidule et calcaire qui a incrusté une quantité considérable de mousses et des branches, des tiges et des feuilles de plantes très-variées.

LA RÉVEILLE, voyez SAUXILLANGES.

LASCHAMPS, voyez MONTCEL.

LAVILLETOUR, voyez BESSE.

LE BREUIL, voyez THIERS.

LE CHAMBON, voyez CHAMBON.

LE GOT, voyez MARAT.

LE GRAVIER, voyez MARTRES-DE-VEYRE et SAINT-MAURICE.

LEINS, voyez SAINT-DIÉRY.

LE VERNET, voyez VERNET.

MARAT.

Deux petites fontaines minérales acidules, analogues à celle de Grandrif, jaillissent dans les dépendances de cette commune. L'une d'elles se fait jour près du hameau de Gripil ou Gripeil; l'autre est au sud-est d'Olliergues, sur la rive gauche du ruisseau du Got dont elle porte le nom. Elle est très-acidule et bouillonne entre deux rochers. (Coiffier, médecin.)

Elle contient 68 centigrammes de substances salines par litre d'eau.

Ces fontaines sont très-peu fréquentées.

MARGUERITE (SAINTE), voyez MARTRES-DE-VEYRE et SAINT-MAURICE, VERNET et MONT-D'OR.

MARTRES-DE-VEYRE et SAINT-MAURICE.

En suivant le cours de l'Allier, les premières *sources* minérales que l'on rencontre s'échappent sur la rive gauche de la rivière et au pied de la montagne de Corent.

Après avoir donné issue à ces fontaines, la ligne de failles se dirige du côté de l'est, traverse le plateau Saint-Martial et forme un angle droit avec une autre ligne qui court du nord au sud. Cette seconde ligne commence près de la chapelle de Sainte-Marguerite, et se termine non loin de la *couse* de Veyre, sur le territoire des Roches.

Les eaux minérales des Martres et de Saint-Maurice offrent à peu près la même composition. Nous citerons comme types les trois fontaines suivantes :

SELS CONTENUS DANS UN LITRE D'EAU.

	Grammes.
Source du Cornet	5,040
— de Sainte-Marguerite	5,100
— de Saint-Martial	5,200

Mais à plusieurs endroits, et surtout au milieu des marécages placés au-dessus du Saladi, des courants d'acide carbonique traversent des amas d'eau pluviale. Ils cessent d'être apparents en été lorsque les terrains sont à sec ; d'autre part, une source acidule abondante et non saline se fait jour au territoire des Roches. Enfin les deux fontaines du plateau Saint-Martial sont fréquemment mêlées d'eaux douces pendant les saisons froides et pluvieuses.

A. *Sources de la commune des Martres.*

1°. Sources du Cornet et du Tambour.

Avant de franchir le pont de Longue, si l'on parcourt, en remontant la rive gauche de l'Allier, un espace d'environ trois cents mètres, on arrive à des escarpements d'arkose qui ont été minés par les eaux de la rivière. Au-dessous d'une puissante assise de ces grès, quelques fontaines minérales jaillissent d'une fissure assez large, et en partie comblée par des aragonites fibreuses ou des brèches à ciment calcaire (1).

Trois de ces fontaines méritent d'être signalées.

a. Source du Cornet.

Elle sort à un demi-mètre au-dessus des basses eaux de l'Allier. Elle est reçue dans une petite rigole en bois.

_____

(1) On trouve dans les fentes de l'arkose, de la baryte sulfatée et du bitume. Cette dernière substance a été signalée dans l'ouvrage de Jean Banc.

b. La deuxième fontaine est à une très-petite distance de la précédente. Elle coule dans une rainure creusée sur le rocher.

c. La fontaine du Tambour est plus loin. Ses eaux se rassemblent dans un petit creux. Le courant de gaz qui en sort est intermittent, et produit, en sortant, un bruit que l'on a comparé à un roulement de tambour.

Les eaux de ces sources offrent les mêmes qualités physiques. Elles sont limpides et acidules; leur saveur est aigrelette, saline, un peu alcaline et ferrugineuse. Leur température est de -+ 25° centigrades.

Elles abandonnent d'abord un sédiment ocreux, et plus loin du calcaire incrustant et de la matière organique. Elles étaient inconnues du monde médical avant le commencement du dix-septième siècle.

L'aysance de ces eaux, dit Jean Banc, *est beaucoup plus belle pour s'y porter à pied que celle de Vic le Conte* (Saint-Maurice); *car il n'y a pas vn quart de lieuë de là iusques au village des Martres, tout en plain païs fort couuert et de distance presque conuenable du temps qu'il faut pour l'exercice auant que de manger.* « Il ne leur manque qu'vn peu d'authorité acquise par le temps pour se mettre en vogue et en crédit aussi bien que les autres. »

« Si les habitans y veulent vn peu apporter d'ayde, il y aura moyen de les rendre fort celebres. »

Les prédictions de Jean Banc se sont en partie réalisées, car les sources du Tambour sont fréquentées par les habitants des communes voisines ; mais leur réputation n'a pas dépassé les limites du département.

Vauquelin a obtenu 605 centigrammes de sels solubles et insolubles par litre d'eau (1). Duclos avait retiré, avant lui, 555 centigrammes de résidu de la même quantité de liquide (2). Enfin, en 1844, un litre d'eau du Cornet nous a laissé 504 centigrammes de substances salines dont voici la composition :

Analyse trouvée.	Gram.	Analyse calculée.	Gram.
Carbonate de soude. . .	1,7600	Bicarbonate de soude. .	2,4890
Sulfate de soude.	0,1500	Sulfate de soude	0,1500
Chlorure de sodium. . .	1,9480	Chlorure de sodium. . .	1,9480
Carbonate de magnésie.	0,2100	Bicarbon^{te} de magnésie.	0,3185
— de fer. . . .	0,0350	— de fer. . .	0,0485
— de chaux. . .	0,6200	— de chaux. . .	0,8909
Alumine.	traces	Alumine.	traces.
Apocrénate de fer.. . .	traces.	Apocrénate de fer.. . .	traces.
Silice.	0,0700	Silice.	0,0700
Matière organique . . .	traces.	Matière organique . . .	traces.
Perte	0,2470	Perte	0,2470
TOTAL des sels par litre d'eau. . . .	5,0400	TOTAL des sels par litre d'eau. . . .	6,1619

En 1603, Jean Banc en a conseillé l'usage à plusieurs personnes appartenant à la noblesse. « Vn homme de Pont-du-Chasteau, domestique de la vi-

---

(1) Annales de l'Auvergne, 1844, page 107. — Le chimiste de Paris dit qu'il a obtenu 14 grains de sels terreux et 48 grains de sels solubles par livre d'eau.

(2) Le résidu retiré par Duclos représentait 1/182 du poids de l'eau minérale.

comtesse de Canillac, aagé de plus de cinquante ans, m'a asseuré, dit le médecin de Moulins, depuis trois années en çà, estre guery d'vne langueur et pesanteur de tout le corps, auec vne courte-haleine, et dégoustement qui le mettait au mourir. »

Prises à haute dose, les eaux minérales du Tambour et du Cornet sont purgatives. Bues en petite quantité, elles sont stimulantes, et conviennent aux personnes faibles et lymphatiques, à celles dont les digestions sont lentes et pénibles ; à celles qui sont atteintes de chlorose ou d'anémie, d'engorgement du foie ou de la rate, de fièvres intermittentes rebelles, d'affections goutteuses ou calculeuses.

2°. Sources du plateau Saint-Martial.

Le plateau Saint-Martial est placé sur la rive gauche de l'Allier qui forme dans cet endroit un coude très-considérable. Il est borné à l'est par le Saladi ; il s'arrête vers le nord, un peu au-dessous d'un four à chaux et de la source de Saint-Martial ; il est traversé à l'ouest par la route de Vic-le-Comte.

Deux sources minérales y sourdent ; elles sont situées entre le Saladi et le pont de Longue, au milieu d'un communal et près d'un chemin vicinal.

Elles remplissent deux grands creux où elles se mêlent aux eaux pluviales. Elles sont entourées de masses considérables de calcaires incrustants qui reposent sur des couches fort épaisses de cailloux roulés. Près du Saladi, des marécages laissent dégager de nombreux courants d'acide carbonique; la présence de ces courants est facile à constater, lorsque ces terrains incultes sont couverts d'eau.

Ce plateau doit son nom à une petite chapelle dont on trouve encore les ruines, et qui est bâtie sur une colline de travertins dont l'étendue est d'environ six cents mètres.

En 1828, des chaufourniers, qui exploitaient le calcaire, trouvèrent, à trois ou quatre pouces de profondeur, un squelette humain; une commission nommée par l'Académie de Clermont fut chargée d'examiner les lieux. Elle pria M. Aubergier père d'analyser l'eau de la source à laquelle on attribuait la formation des travertins: voici les résultats des recherches de ce chimiste (1).

	Grammes.
Acide carbonique.........	q^{té} indéterminée.
Carbonate de soude.......	1,000
Chlorure de sodium.......	1,800
Carbonate de magnésie......	0,200
Fer et manganèse.........	0,010
Carbonate de chaux.......	0,200
Chlorure de calcium.......	0,010
Carbonate d'alumine.......	0,100
Total des sels par litre d'eau.	3,320

(1) Voyez le rapport du docteur Peghoux. Annales d'Auvergne, 1830, page 1.

Ces eaux ne sont point employées.

3°. Sources du Saladi.

A deux cents mètres environ, et au nord-nord-est de la chapelle de Sainte-Marguerite, sur la rive gauche de l'Allier et en face d'une pyramide de basalte située au pied du puy Saint-Romain, la rivière a profondément entamé le plateau Saint-Martial.

Le tertre qui en résulte porte le nom de Saladi (1).

Il présente dans un espace de 180 à 200 mètres, une innombrable quantité de sources acidules, salines, calcaires et ferrugineuses, dont un assez grand nombre se fait jour dans le lit de l'Allier. A l'extrémité du Saladi, une caverne peu profonde nous a présenté des stalactites presque blanches et des suintements d'eau minérale peu abondants.

Parmi ces nombreuses sources, il en est une dont la température est de + 22°, 75. Elle coule dans une petite rigole en bois. Le courant de gaz méphitique qui la fait bouillonner, produit un roulement semblable à celui de la source du Tambour, mais plus fort.

Il existe à peu de distance une autre fontaine plus abondante. Sa température est de + 24°.

---

(1) Ce tertre présente à sa partie inférieure des assises puissantes d'arkose, et au-dessus des cailloux roulés ou des traver_tius.

Une troisième, qui est accompagnée d'un dégagement considérable d'acide carbonique, se fait jour dans le lit de l'Allier.

Les eaux du Saladi ressemblent pour la saveur et les dépôts à celles du Tambour.

4°. Buvette de Saint-Martial.

Au-dessous d'un ancien four à chaux et près de l'extrémité orientale du plateau Saint-Martial, une petite fontaine bâtie, dont l'eau est limpide, très-saline et peu acidule, s'échappe d'un tube métallique. Elle marque + 25°,5.

Un litre de cette eau minérale, évaporé, nous a laissé un résidu pesant 520 centigrammes.

Cette source est peu fréquentée. Elle agit comme les eaux du Tambour.

5°. Sources de la Font de Blé et des Roches.

a. Le territoire de la Font de Blé fait suite au plateau Saint-Martial. On y trouve une digue, et derrière cette digue une vaste mare d'eau minérale couverte d'une croûte renfermant des carbonates de chaux et de fer et de la matière organique. Des bulles nombreuses d'acide carbonique viennent crever à la surface de l'eau.

b. En avançant vers l'est, dans un endroit presque toujours submergé, on rencontre une source minérale dont l'eau jaillit entre le calcaire tertiaire et l'arkose. Un dégagement de gaz méphitique fait bouillonner l'eau de l'Allier à côté de cette source.

c. Grande source des Roches.

Elle est à cent pas environ et à l'est de la digue, à côté d'un ravin.

Sa saveur est acidule et terreuse. Elle est abondante et n'abandonne aucun dépôt.

d. Enfin, à une petite distance de la couse de Veyre, plusieurs filets d'eau minérale saline, ferrugineuse et calcaire sortent au milieu d'une saussaie.

B. *Sources de la commune de Saint-Maurice.*

Les sources de cette commune sont généralement désignées sous les noms de fontaines de Vic-le-Comte ou de Sainte-Marguerite.

Elles ont eu jadis une grande vogue. Des restes d'édifice existent encore, en **1605**, auprès de ces eaux ; ils annoncent qu'elles ont alimenté à une époque inconnue, mais fort reculée, un établissement thermal d'une certaine importance. Jean Banc nous a laissé, sur ce fait, des documents curieux, et que nous allons reproduire. « La masse de muraille toute cimentée, qui est en lieu décliue de ce voysinage, marque plustost auoir esté adjencée autresfois pour vn bain que pour vn Molin, au contraire de ce que beaucoup de voysins du lieu croyent : ce qui me le faict juger ainsi, est la descouuerture des canaux, qu'on voit tous les jours propres à l'vsage desdicts bains naturels, lesquels en quelque lieu paraissent entiers de terre cuicte et

en d'autres rompuz et vsez par leur vieillesse et cadu-
cite ; tous lesquels seruent a conduire partie desdictes
Eaux bien pres d'vn vuide, dans lequel toutes sont
recuës en l'enclos desdictes murailles, que je croy qui
seruoient de bain anciennement. Ie suis confirmé en
ceste opinion par la propriété que j'ay esprouuée de
ces Eaux contre les mauuaises affections du cuir, qui
me faict croire que l'antiquité s'en soit seruie a cet
vsage. Pour cela ie ne veux pas nier que postérieurement on n'y aye bien basty quelque Molin a bled ;
mais l'euidence plus ancienne et raisonnable, est du
bain naturel. »

Comme le granit est presque partout à nu autour
des fontaines de Saint-Maurice, on doit supposer que
l'Allier a entraîné les constructions décrites par Jean
Banc, car nous n'en avons pas trouvé la moindre
trace.

Les eaux minérales appartenant à la commune de
Saint-Maurice viennent sourdre sur la rive droite de
l'Allier, tout près d'une petite chapelle dédiée à sainte
Marguerite. Elles sont nombreuses et quelques-unes
sont abondantes. Les plus chaudes ne font pas monter
le thermomètre centigrade au-delà de $+ 34°$.

1⁰. Source et établissement de Sainte-Marguerite.

Cette fontaine « qui soulait estre d'ancien employ
plus proche de Vic-le-Conte est bastie et de longtemps
adjencée : On l'appele Saincte-Margueritte, mais par

malheur, comme elle rendoit de fort heureux succez contre les maladies, auec les neusuaines qu'on y faisoit en l'honneur de sainte Margueritte, a la mode de Pougues, Saint-Pardoux et Saint-Arban, quelques curieux en voulant agrandir leur bassin, y laissèrent mesler quelques sources d'Eau douce, qui depuis ne sceurent oncques estre demeslées et a ceste occasion demeurent maintenant destituées de leur ancienne vertu et employ (1). »

Il y a quelques années les propriétaires riverains s'étant emparés des sources de Sainte-Marguerite ; l'administration des eaux et forêts a fait valoir ses droits, et ses réclamations ayant été déclarées légitimes, les fontaines situées sur le territoire de Saint-Maurice et qui occupent le lit de la rivière, ont été affermées par elle (2).

Le fermier a fait construire un établissement bas, très-petit, malpropre et mal aéré, qui est alimenté par la source de Sainte-Marguerite. La température de cette fontaine est de + 32°,75. Ce misérable édifice renferme deux baignoires et deux piscines qu'on a

(1) Jean Banc, page 97.
(2) Voici la hauteur des sources affermées au-dessus de l'étiage de l'Allier. 1°. Source de Sainte-Marguerite, 57 centimètres ; les fontaines diverses de la Grève varient entre 61 et 87 centimètres.

enfermées dans trois cabinets séparés les uns des autres par des cloisons en planches.

2°. Sources dans la rivière.

Trois petites sources jaillissent au nord-ouest et à sept ou huit mètres de l'établissement de Sainte-Marguerite. On ne peut les voir que lorsque les eaux sont très-basses. La température de la source la plus abondante est de $+$ 33°,75; celle des autres est de $+$ 33°,50 à $+$ 32°,75.

3°. Première source de la Grève.

Elle est à six ou sept mètres et au sud de l'établissement de Sainte-Marguerite. Elle est peu abondante et sort d'un petit bassin de forme octogone. Le même thermomètre plongé dans cette eau, en 1844 (automne), et en 1845 (juillet), nous a donné la première fois $+$ 24°; la seconde $+$ 23°.

4°. Deuxième source de la Grève.

Elle s'échappe d'un bassin semblable à celui qui reçoit la première source. Elle est placée à cinquante mètres et à l'est de la fontaine de Sainte-Marguerite. Sa température, en 1844 et 1845, a été de $+$ 22°.

5°. Troisième source de la Grève.

Une autre source s'échappait à trois ou quatre mètres et au sud de la précédente, elle est actuellement ensevelie sous les décombres.

6°. Quatrième et cinquième sources de la Grève.

Ce sont deux minces filets qui sourdent à quelques

mètres et à l'est de la deuxième source de la Grève. Le plus volumineux des filets marque -+- 21°,5.

7°. Source des Graviers (1).

A cent quinze ou cent vingt mètres et à l'est de l'établissement de Sainte-Marguerite, et très-près de l'Allier, il existe une petite fontaine faisant monter le thermomètre à -+- 25°. Elle est généralement connue sous le nom de source des Graviers.

8°. Source voûtée.

Elle est enfermée dans un petit puits voûté, qui est placé sur le bord du chemin de Mirefleurs, et à soixante mètres à l'est de la chapelle de Sainte-Marguerite. Sa température n'est pas toujours la même; nous l'avons trouvée de -+- 16° en 1844, de -+- 18° en 1845. Elle est aigrelette, mais sa saveur n'annonce point qu'elle renferme des quantités notables de sels. Elle n'abandonne aucun dépôt ferrugineux. Elle sort des calcaires tertiaires.

En outre de ces onze fontaines, on remarque, soit à droite, soit à gauche du chemin de Mirefleurs, une foule de petits filets d'eau minérale qui arrosent les marécages voisins ou les fossés; mais il

_____

(1) Legrand-d'Aussy nous assure que la source du Gravier n'est connue que depuis 1664, époque à laquelle l'Allier, s'étant ouvert, pour son lit, un nouvel embranchement, il découvrit l'île dans laquelle sort la source. Page 283, tome 2.

est inutile de les mentionner d'une manière spéciale.

Les sources de Saint-Maurice sont maintenues dans un état apparent d'ébullition par des dégagements d'acide carbonique plus ou moins considérables. Leurs eaux sont incolores et limpides. Leur saveur est d'abord aigrelette, puis elle devient saline, légèrement ferrugineuse et acaline. Leurs dépôts renferment des carbonates de fer et de chaux, et de la matière organique. L'eau de la source voûtée fait seule exception à la règle que nous venons de poser, elle n'abandonne aucun sédiment.

M. Bertrand a constaté, dans la source de Sainte-Marguerite, la présence de l'acide carbonique, des carbonates et sulfates de soude, du chlorure de sodium, des carbonates de chaux, de magnésie et de fer (1).

Duclos a obtenu, par litre d'eau, un résidu pesant.................... 521 centigrammes.

Le docteur Nivet (1844).. 540

La source dans la rivière ne nous a fourni, en 1845 (juillet), que 496 centigrammes de substances salines.

Les 540 centigrammes indiqués plus haut étaient composés ainsi qu'il suit :

---

(1) De Montcervier. Annales de l'Auvergne, 1832, page 11.

Analyse trouvée.	Gram.	Analyse calculée.	Gram.
Carbonate de soude. . .	2,1000	Bicarbonate de soude. .	2,9699
Sulfate de soude.	0,2010	Sulfate de soude. ·. . .	0,2010
Chlorure de sodium. . .	2,0200	Chlorure de sodium. . .	2,0300
Sels de potasse.	traces.	Sels de potasse.	traces.
Carbonate de magnésie.	0,2200	Bicarbon^{te} de magnésie.	0,3336
— de fer. . . .	0,0360	— de fer. . . .	0,0498
— de chaux. . .	0,6400	— de chaux. . .	0,9197
Alumine.	traces.	Alumine.	traces.
Silice.	0,1600	Silice	0,1600
Matière organique. . .	traces.	Matière organique. . .	traces.
Perte	0,1230	Perte	0,1230
TOTAL des sels par litre d'eau. . . .	5,5000	TOTAL des sels par litre d'eau. . . .	6,7870

Jean Banc assure que les eaux de Sainte-Marguerite ont garanti *tout plat du calcul qui se formait dans ses roignons*, Monseigneur de Valois, comte d'Auvergne. Ce grand seigneur rendit par les urines *vne grande quantité de pituite fort blanche et vn grand nombre de sable rouge.*

Le chevalier Cottel, *gentilhomme de tres grande erudition et signalé merite, ne trouua iamais grand commerce si propre a le releuer du trauail du calcul que la boisson de ces salutaires Eaux.*

L'un des fils de Jean Banc, âgé de treize ans, tomba *dans vne fièure double tierce accompagnée d'vne fort grande durté de ratte et opilation de toutes les veines meseraïques :* les accès étaient fréquents et la maladie grave. Il fut conduit par son père aux eaux de Sainte-Marguerite, et les accès ne tardèrent point à s'arrêter. Mais bientôt il survient de l'œdème aux bourses, au visage et aux jambes : l'usage alternatif des hydrogognes et des eaux minérales provoque l'expulsion d'un paquet de vers, et le malade se rétablit.

Les eaux salines, ferrugineuses et alcalines de Saint-Maurice peuvent être utiles dans les fièvres intermittentes invétérées, les engorgements du foie et de la rate, les calculs vésicaux, la gravelle, la goutte, la chlorose, l'embarras gastrique, le pyrosis, les dyspepsies et les gastro-entéralgies simples et rhumatismales. A haute dose, elles peuvent être administrées dans les affections qui, comme la pleurésie chronique par exemple, nécessitent l'emploi répété des purgatifs. — Les bains conviennent aux personnes scrofuleuses et rachitiques, à celles qui ont des engorgements des articulations. Ils sont bien frais pour être utiles aux rhumatisants.

Les eaux de la fontaine voûtée peuvent remplacer l'eau de Seltz artificielle.

Les sources de Saint-Maurice sont submergées pendant les deux tiers de l'année. Les fontaines n° 2 et n° 7 ne sont visibles que pendant les chaleurs de l'été. L'Allier n'arrive, au contraire, à la source voûtée que durant les grandes inondations.

MAURICE (SAINT), voyez MARTRES-DE-VEYRE.

MÉDAGUE, voyez JOSE.

MONTAIGUT, voyez GRANDEYROL.

MONTCEL et JOSERAND.

1°. Sur la route de Combronde à Saint-Pardoux, avant d'arriver au pont de la Morge, on trouve à gauche, au milieu du communal de Laschamps, une source minérale que traverse un dégagement d'acide carbonique. L'eau de cette source est limpide, mais sa surface est couverte d'une pellicule mince et blanchâtre. On ne voit autour du bassin aucun dépôt calcaire ou ferrugineux. La saveur de l'eau minérale de Laschamps est aigrelette, un peu alcaline et nullement ferrugineuse.

Elle contient, par litre d'eau, trois grammes de sels composés principalement de bicarbonate de soude, d'un peu de bicarbonate de chaux, d'une quantité minime de sulfate de soude, de bicarbonate de magnésie et de silice ; elle renferme aussi des traces de sels de fer. Cette source, qui est fréquentée par les paysans dont les digestions sont lentes et difficiles, appartient à la commune du Montcel. (Mosnier, médecin.)

2°. L'eau des puits du village de Piory, qui fait partie de la commune de Joserand, est un peu minéralisée. Elle est louche et renferme des filaments de matière organique. Quand on la conserve pendant quelques jours dans une bouteille bien bouchée, elle laisse exhaler une légère odeur d'œufs pourris. Un litre d'eau puisé par le docteur Aguilhon dans l'un

10

des puits de ce village nous a laissé un résidu pesant 40 centigrammes ; ce résidu renfermait les mêmes sels que l'eau de Laschamps.

MONT CORNADOR , voyez SAINT-NECTAIRE.

MONT-D'OR-LES-BAINS (1).

La vallée du Mont-d'Or est une des partiesles plus intéressantes et les plus curieuses de l'ancienne Auvergne. Des sites variés et pittoresques, et des espèces zoologiques , botaniques et minéralogiques nombreuses y attirent, chaque année, une foule de touristes, de peintres et de naturalistes. Comme elle est creusée au milieu des trachytes et des pierres ponces, et présente des fontaines thermales traversées par des courants d'acide carbonique abondants, on a pu supposer, avec une apparence de raison, que les *Calentes Baiœ* de Sidoine-Apollinaire ne sont autres que les sources du Mont-d'Or (2). Les eaux chaudes indiquées dans les lettres de cet écrivain, *jaillissent, en effet, dans les montagnes, et du milieu des pierres*

(1) Parmi les auteurs il en est qui écrivent Mont-d'Or, *Mons Aureus* (Belleforest, Jean Banc, Chomel, Bertrand); d'autres Mont-Dore (Ramond, Lecoq); d'autres enfin, Mont-Dor (Huot, Maltebrun), ou Mont-d'Aure, *Mons-Aurœ*.

Voyez la note de M. Michel Bertrand. Annales de l'Auvergne , 1845 , page 354.

(2) Voyez l'ouvrage de M. Michel Bertrand sur les eaux minérales du Mont-d'Or.

ponces, en faisant entendre un bruit caverneux (1).

Du côté du sud, la vallée est fermée par une ceinture de plateaux que domine la cime majestueuse du pic de Sancy, le point le plus élevé de la France centrale. Les pâturages de ces plateaux appartiennent à la zone pastorale. Un peu plus bas croissent des forêts de sapins, et sur les pentes inférieures des céréales, des prairies naturelles et des bois de hêtres qui sont entourés d'une ceinture de noisetiers, de sorbiers aux fruits rouges, de frênes, de cerisiers à grappes et d'aliziers. Çà et là on voit des éboulements stériles ou des coulées vulcaniennes coupées à pic, et d'où s'élancent les cascades de la Quereilhe, de la Vernière, de la Dore, du Serpent, et la grande cascade dont la chute est d'environ trente mètres.

La Dordogne arrose ce beau pays. Elle naît sur les pentes septentrionales du pic de Sancy, et se dirige d'abord vers le nord, puis elle se dévie et court à l'ouest jusqu'à sa sortie du département du Puy-de-Dôme.

L'établissement thermal est placé un peu au-dessous du coude formé par la rivière. Il est à 1052 mètres au-dessus des basses eaux de la mer, mais il est dominé, au nord-est, par la montagne de l'Angle, au

---

(1) Sidoine-Apollinaire. Edition de Grégoire et de Collombet, lettre xiv, liv. 5. Lyon, 1836.

sud-ouest par le pic du Capucin (1). Les pentes du Capucin sont peu inclinées, si on les compare à celles du plateau de l'Angle qui sont rudes ou très-escarpées. Les blocs de trachytes qui se détachent de ce dernier puy à la suite des hivers rigoureux, menacent d'atteindre l'établissement thermal, si on ne se hâte de les arrêter dans leur chute (2).

L'air pur et léger qu'on respire au Mont-d'Or est rafraîchi par les brises du soir et la vapeur d'eau que fournissent les cascades et de nombreux ruisseaux. Il résulte de ces heureuses circonstances que l'atmosphère est douce et tempérée, même pendant les plus fortes chaleurs de l'été. C'est à cause de cela que les personnes disposées à la phthisie éprouvent un bien-être particulier quand elles habitent le Mont-d'Or durant les mois d'août et juillet. Car s'il est vrai qu'un air froid et humide soit nuisible aux tuberculeux, il n'est pas moins vrai aussi qu'un air trop sec et trop chaud leur est défavorable.

La hauteur à laquelle se trouvent les thermes qui nous occupent, et le voisinage des montagnes y rend la saison des eaux plus courte que dans les divers établissements de la Limagne. Pour donner une idée

---

(1) Hauteur du plateau de l'Angle, 1750 mètres : hauteur du pic du Capucin, 1479 mètres au-dessus du niveau de l'Océan.

(2) M. Bertrand, Note sur des antiquités découvertes au Mont-d'Or.

du climat de cette localité, nous allons résumer les observations publiées par Brieude et M. Michel Bertrand.

Le mois de septembre s'écoule rarement sans que la neige blanchisse le sommet des pics les plus élevés, mais on la voit disparaître au bout de quelques jours.

Celle qui tombe à la mi-octobre se conserve, et ordinairement elle descend jusqu'au fond des vallées avant le commencement de novembre. Les communications deviennent difficiles, surtout aux époques où règnent les bourrasques neigeuses désignées sous le nom d'écirs ou d'échirs.

Pendant les mois d'hiver, une épaisse couche de neige couvre tout le pays, et les habitants des hameaux isolés restent souvent plusieurs jours sans communiquer avec le chef-lieu de la commune.

Les causes de la précocité de l'hiver retardent également l'apparition du printemps. Durant les années les moins froides, la neige se retire des vallées vers le milieu d'avril (1), mais elle reparaît en mai, et ce n'est qu'à la fin de juin ou même en juillet qu'elle fond complétement sur le sommet du pic de Sancy.

Les premiers efforts de la végétation se manifestent sur les bords de la Dordogne à la mi-avril. Après quelques pluies chaudes, arbres, céréales, prairies, tout reverdit à la fois. A la mi-mai, la température est iné-

---

(1) On trouve de la neige pendant toute l'année dans les grands ravins creusés sur les pentes du pic de Sancy.

gale et capricieuse ; néanmoins les bestiaux commencent à sortir des étables.

Les chaleurs de l'été, moins fortes que dans la plaine, commencent en juin, et se soutiennent jusqu'au commencement de septembre. Le temps est beau du 15 juin jusqu'au 6 juillet. Des orages et des pluies surviennent alors, et le temps ne se rassérène que vers les premiers jours d'août. (Bertrand.)

Plus tard, les soirées deviennent froides, et le Mont-d'Or est moins agréable à habiter.

Les observations météorologiques, faites au village des bains par **M.** Michel Bertrand, aux mois de juillet et d'août **1822**, nous permettront d'apprécier à peu près la température qui règne au Mont-d'Or à l'époque de la saison des eaux. En voici le résumé.

OBSERVATIONS DE MIDI.

	JUILLET. Th. cent.	AOUT. Th. cent.
Température moyenne.......	19°,7	19°,2
— extrême en froid..	12°,0	13°,0
— extrême en chaud.	27°,0	28°,0

Dans la Limagne la température est plus élevée.

OBSERVATIONS DE MIDI,

Faites à Clermont, en 1843, par le docteur Nivet.

	JUILLET. Th. cent.	AOUT. Th. cent.
Température moyenne.......	20°,0	20°,4
— extrême en froid..	15°,0	18°,2
— extrême en chaud.	30°,8	29°,1

L'air de la vallée du Mont-d'Or n'est vicié par aucun foyer de miasmes. Les seules émanations qu'il
renferme sont des émanations balsamiques provenant
des arbres résineux des forêts et des fleurs des prairies.

|A. *Sources du village du Mont-d'Or.*

Les eaux minérales sortent des fentes du trachyte,
à la base du plateau de l'Angle. Elles sont chaudes et
abondantes, conditions nécessaires pour qu'elles puissent alimenter un grand établissement.

Les Gaulois ont probablement utilisé ces fontaines.
Telle est, au moins, l'opinion qui ressort des faits
publiés dernièrement par l'inspecteur en chef des eaux
du Mont-d'Or (1).

En 1823, on trouva, sous l'un des angles des
thermes romains, un massif de travertin d'un gris
foncé, nuancé de jaune, atteignant une hauteur de
12 décimètres, une longueur de 47, une largeur de
32 décimètres. Une source minérale s'échappait au-
dessous de lui, on voulut la recueillir.

« Pour atteindre ce but, il fallut attaquer et enlever pièce à pièce la masse qui la surmontait. C'é-
tait un dépôt formé par les eaux, composé de carbonates terreux, de silice en forte proportion, et consé-
quemment d'une grande dureté.

---

(1) Bertrand (Michel), Note sur des antiquités découvertes au
Mont-d'Or. Clermont, 1844.

» Son extirpation mit à découvert une piscine quadrangulaire, en madriers de sapins équarris, pouvant admettre une quinzaine de personnes à la fois,
et si bien conservée qu'on aurait encore pu s'y baigner (1).

» Ce fut le 12 juillet 1823 qu'eut lieu cette
exhumation, dont il n'a encore été nullement question (2). »

Le plancher de cette piscine reposait sur le trachyte. Il n'a subi aucun déplacement, et se trouve
aujourd'hui sous le mur du nouvel établissement.
C'est autour de ce réservoir que s'est déposé, couche
par couche, le travertin qui l'emboitait si exactement
qu'on ne pouvait soupçonner son existence. Cette
opération a commencé le jour où, par des circonstances inconnues, la piscine n'a plus été fréquentée,
et a cessé à l'époque où les Romains ont capté les
sources minérales pour les utiliser de nouveau.

« Il est très-probable, au surplus, je dirais presqu'évident, que ce dépôt avait été abandonné par les
sources supérieures. Glissant sur la surface de la coulée, avant qu'on ne l'eût entamée pour y établir des
plates-formes, elles étaient reçues dans la piscine qui

---

(1) Voici les dimensions de cette piscine : longueur, 45 décimètres, largeur, 27, profondeur, 7. Communication orale faite
à l'académie par M. Bertrand (Michel).
(2) M. Bertrand, Notice déjà citée, page 4.

se trouvait à sa base. Tel a été, dans toute sa simplicité, leur aménagement primitif.

» De ce qui précède il résulte clairement que cette piscine n'avait pas été vue par les Romains, puisqu'ils avaient bâti sur le dépôt qui l'enveloppait, et que l'usage des eaux du Mont-d'Or remonte au moins au temps où elle a été construite. Mais quel espace de temps s'est-il écoulé depuis cette construction jusqu'à nous (1)? »

Il est quelques conjectures qui peuvent aider à résoudre cette question.

En s'appuyant sur les tables de Peutinger, et sur la forme des ruines trouvées au Mont-d'Or, on peut supposer avec quelque vraisemblance que les anciens thermes ont été construits par les Romains, lorsque leur domination fut définitivement établie dans la Basse-Auvergne, et par conséquent à l'époque du règne d'Auguste ou de l'un de ses successeurs.

D'autre part, dans l'espace de vingt années, la source la plus abondante du Mont-d'Or a formé sur les parois d'un conduit en lave de Volvic, une incrustation de 10 millimètres d'épaisseur; avec ces données, M. Michel Bertrand, tout en faisant observer que bien des circonstances ont pu hâter ou retarder la formation de l'ancien dépôt, arrive à cette con-

_____

(1) M. Bertrand, *loc. cit.*, page 6.

clusion : « Qu'il ne s'est pas écoulé moins de quinze
siècles entre l'abandon de la piscine et la création des
bains romains (1). » Ce qui fait remonter l'usage des
bains minéraux à l'époque gauloise.

Vient ensuite l'époque gallo-romaine qui comprend
la construction des thermes anciens. Leurs débris occupaient l'endroit où existent aujourd'hui le village et
le nouvel établissement. Cet édifice se composait de
plusieurs salles et piscines fort grandes. L'une de ces
piscines avait 105 décimètres de longueur et 84 de
largeur. C'est en poursuivant la découverte de ces
ruines et des restes du Panthéon qu'on a décombré
les fragments de colonnes, les corniches, les chapi-
teaux, les vases antiques et les médailles déposés sur
la place du Mont-d'Or ou dans le musée de M. Bertrand. Ce qu'il y a de singulier, c'est qu'une partie du
territoire du village des bains a conservé, jusqu'à nos
jours, le nom de Panthéon qui a été appliqué, par
le Peuple-Roi, à d'autres édifices dont l'origine n'est
pas contestée (2).

On présume que l'établissement romain a été détruit, soit au cinquième siècle, lors des incursions des
Vandales et des Goths, soit au huitième durant la
guerre que Pepin fit au duc de Waifre. L'opinion

_____

(1) M. Bertrand, *loc. cit.*, page 8.
(2) Les ruines de l'ancien temple du Panthéon sont au-dessous de la place, entre l'établissement thermal et la Dordogne.

émise en dernier lieu par l'inspecteur des eaux du Mont-
d'Or nous paraît mériter bien mieux que les précédentes les suffrages des archéologues. Ce médecin
s'appuyant sur ce fait, qu'on a trouvé à quelques
mètres du travertin découvert, en 1823, des amas
confus de murs renversés, de voûtes abattues et de
pierres descendues des hauteurs, pense que quelque
grand éboulement a renversé l'ancien édifice que les
guerres et les révolutions n'ont point permis de rele-
ver (1).

Pendant plusieurs siècles, les historiens cessent de
parler des bains du Mont-d'Or, ce qui nous oblige à
franchir un long espace de temps.

En 1605, les bains du Mont-d'Or sont, depuis
long-temps, fréquentés, et l'origine des constructions
qu'on y rencontre paraît incontestable à Jean Banc.
Ce médecin s'émerveille que l'antiquité romaine « *ait*
pris la patience de se porter en vn si rude, desplai-
sant et fascheux païs tel que sont ces Monts-d'Or,
où il n'y a ordinairement chasque année que cinq ou
six mois d'asseurée sortie: seulement pour avoir le
contentement de l'vsage de ces sources chaudes; Les
pierres toutes entières de leur Panthéon y sont
esparses çà et là : le vieil lauoir de leurs anciens bains
y paroist encores, les médailles de leur antiquité s'y

---

(1) Bertrand, notice citée, page 9.

rencontrent en plusieurs lieux (1). » Aussi cet auteur, prenant en considération ces muettes recommandations, croit-il plus de propriétés aux eaux du Mont-d'Or qu'aux autres sources *de pareille condition.*

La source du Bain de César, située à l'extrémité de la descente de la montagne, est reçue dans *un bâtiment rond, de la cappacité de trois à quatre pas de distance ; il est tout couuert et va en pointe de la hauteur de deux toises. La pierre en est noire, la muraille fort espaisse et si industrieusement cimentée que difficillement peult-on recognoistre les liaisons des quartiers. Une petite source froide sort à gauche de l'entrée.* Elle sert à laver la bouche, *estant dans le bain* (2). Il y a, en outre, *vne grosse source d'eau chaude qui sort profondement de dessous terre et est retenue dans vn creux tout rond de circonférence de trois pieds et de profondeur d'enuiron deux pieds ou deux pieds et demi.*

« Outre ce bain il y en a encores vn plus ancien à quelque distance de là, tirant vers l'église : le lauoir en est beau et bien faict, capable de tenir plusieurs personnes ; les sources qui s'y rendent sont de toute pareille nature que celles mentionnées cy-dessus.

---

(1) Page 131-2.

(2) Cette source froide ne peut être que la source de Ste-Marguerite.

Mais il est tout descouuert et incommodé des maisons pour s'essuyer et reposer à propos : c'est pourquoi il est en ruïne de présent (1). »

Examinons maintenant quel était l'état des lieux au dix-huitième siècle. Les bâtiments destinés aux baigneurs ont été reconstruits, à l'exception cependant du Bain de César qui paraît avoir été conservé tel qu'il était en **1605.**

Trois petits établissements portant le nom de Bain de César, de Grand-Bain et de Bain des Chevaux ont été décrits par Chomel et Brieude auxquels nous empruntons les détails qui vont suivre (2).

1°. Bain de César, après **1700** (3).

L'eau de ce bain s'élève à gros bouillons du fond d'un bassin circulaire, d'une seule pierre, de deux pieds de profondeur sur deux pieds quatre pouces de largeur dans œuvre. L'espace est si petit qu'un seul homme y est mal assis. (Chomel.)

Ce bain est à 12 mètres 99 centimètres au-dessus du sol du village.

Il est fait en partie du rocher, en partie d'une

---

(1) Il s'agit très-probablement du Grand-Bain. Voyez Jean Banc, pages 132-2 et 133.

(2) Chomel, Traité des eaux minérales de Vichy. Clermont-Ferrand, 1734. Brieude, Observations sur les eaux thermales de Bourbon-l'Archambault, de Vichy et du Mont-d'Or. Paris, 1788.

(3) Ce bâtiment, d'après le plan qui nous a été communiqué par M. Ledru, a la forme d'un ovale tronqué du côté du sud.

voûte de pierre de taille qui empêche que la terre ne s'éboule. La voûte a neuf pieds quatre pouces de longueur, sept pieds et demi de largeur et neuf pieds de hauteur. La porte par laquelle on y entre, exposée au sud-ouest, a cinq pieds et demi de haut sur deux et demi de large. Elle est carrée, et au-dessus règne une corniche de huit pieds de large. (Chomel.)

On est obligé de la laisser ouverte quand on prend un bain ou une douche, afin de pouvoir respirer. (Brieude.)

2°. Grand-Bain (1).

Le Grand-Bain est à quatre toises au-dessous du Bain de César, sur le penchant de la colline. « Il est exposé directement à l'ouest, de figure quarrée oblongue, en forme de salle voûtée sur laquelle on a pratiqué plusieurs chambres. Cette voûte a dix-huit pieds de longueur, treize pieds sept à huit pouces de largeur, et douze à treize pieds de hauteur du cintre de la voûte jusqu'au pavé qui demanderait une légère réparation pour faciliter l'écoulement des eaux qui y croupissent et laissent une mauvaise odeur capable d'incommoder les malades. Il y a un grand bassin quarré oblong séparé en deux par une seule pierre de la même élévation que les bords de ces deux bains qui

_____

(1) Le bâtiment qui entourait ce bain était moderne. Voyez plus haut la description de Jean Banc.

ont cinq pieds quatre pouces de long et quatre pieds quatre pouces de largeur sur deux de profondeur. Les deux bains sont separez par une cloison de bois. » (Chomel.)

Le bain du côté droit est destiné aux hommes et l'autre aux femmes. On entre dans les deux bains par deux portes différentes, et une petite fenêtre éclaire la piscine des femmes.

3°. Bain des Chevaux.

« En descendant vers la Dordogne, à vingt toises du grand-bain, il y avait autrefois un bassin presque quarré où on faisait baigner les chevaux qui s'en trouvaient bien ; il avait quatre pieds neuf poûces de longueur sur dix pieds dix poûces de largeur (1). » Il était entouré d'une petite muraille. Quelques personnes ayant bu avec succès de l'eau de ce bain, on avait creusé à côté un puits, mais l'eau en était trouble, parce que ce réservoir communiquait avec le Bain des Chevaux. Ce bassin, avant sa destruction, se trouvait sur la place occupée plus tard par la fontaine de la Magdeleine. Chomel signale aussi deux sources froides, ce sont probablement celles du Tambour et de Sainte-Marguerite.

Il n'existait, pour aller au village des Bains, qu'un chemin à travers les montagnes, si étroit et si scabreux

---

(1) Chomel.

que les malades étaient obligés de se faire transporter en litière ou à dos de mulet. (Legrand.) Les maisons étaient mal bâties, mal distribuées et malpropres. Il fallait y porter son linge et son lit. (Brieude.)

Le village sale et boueux, se composait d'une soixantaine de maisons, sans écurie ni remise. La nourriture donnée aux malades était chère et mauvaise. (Legrand.)

Vers la fin du dix-huitième siècle, les routes se sont améliorées. En 1817, un établissement grandiose a été construit, et grâce à l'habileté et au savoir du médecin inspecteur, la réputation des eaux du Mont-d'Or est devenue européenne. Les malades ayant afflué de toutes parts, la commune des Bains s'est enrichie, et le village a complétement changé d'aspect (1). Des hôtels commodes ont remplacé les masures si justement décriées, et l'alimentation est devenue excellente.

Mais revenons à l'énumération des faits qui ont précédé cet état florissant.

En 1787, les bains du Mont-d'Or attirent vivement l'attention de l'intendant Chazerat. Une route est ouverte, et l'on commence à améliorer les bâtiments qui entourent les fontaines minérales. Bien-

---

(1) On évalue à 400,000 francs la quantité de numéraire laissé chaque année par les malades et les voyageurs dans la commune du Mont-d'Or.

tôt la Révolution éclate, et ces travaux sont abandonnés.

Le préfet Ramond, comprenant toute l'importance
que pouvaient acquérir des sources aussi chaudes et
aussi abondantes, fait dresser, en 1806, le plan
d'un établissement thermal par MM. Cournon et
Ledru.

En 1810, sur la demande du conseil-général, l'administration décide que le possesseur des eaux du
Mont-d'Or sera exproprié pour cause d'utilité publique (1). Des procès arrêtent momentanément cette
mesure, et ce n'est qu'en 1817 que les constructions
commencent à s'élever. Elles sont en grande partie ter-
minées en 1823. Mais depuis cette époque elles ont
été, à diverses reprises, embellies ou augmentées.

Les travaux d'art ont été confiés à M. Ledru.
M. Bertrand a, si nous ne nous trompons, dirigé l'a-
ménagement des eaux.

L'établissement nouveau du Mont-d'Or est un des
plus beaux édifices de ce genre. Il est bâti au pied
du plateau de l'Angle et sur la rive droite de la Dordogne. Sa façade principale est fort étendue et présente deux étages. Elle est tournée du côté du sud.
Cet édifice a été construit avec un trachyte gris dont la

(1) Cette mesure, étant inusitée à l'époque où elle fut prise,
entraîna des procès longs et dispendieux.

carrière est de l'autre côté de la rivière. La toiture fort solide a été faite avec une pierre analogue fort dure, ce qui lui permet de résister à l'action des rochers volumineux, qui se détachent de la montagne la plus voisine (1).

Les thermes nouveaux se composent de trois parties reliées entre elles par des galeries couvertes.

La plus élevée se nomme le Pavillon. Elle renferme les sources et le réservoir du Grand-Bain (2). On y trouve sept cabinets avec baignoire et une cuvette à douche.

Deux grands réservoirs ont été construits au-dessous de ce corps de bâtiment ; ils reçoivent les eaux du Bain de César et de la fontaine Caroline (3). Le premier étage est plus loin et à deux mètres au-dessous du Pavillon. On y a établi sept cabinets munis de douches et de baignoires.

Dans le rez-de-chaussée on voit au fond trois grandes baignoires qui séparent deux piscines, sur les côtés desquelles on a placé quatre cabinets à douches.

---

(1) Il est à désirer que l'on construise des digues et que l'on plante des arbres de haute futaie pour mettre cet édifice à l'abri des éboulements.

(2) Plan communiqué par M. Ledru.

(3) Le Bain de César et la fontaine Caroline sont au nord du Pavillon, dans une cour attenant à l'établissement thermal.

Chaque piscine a 412 centimètres de longueur sur 268 de largeur et 75 de profondeur (1).

Sous la galerie qui forme le péristyle se remarquent les buvettes. Elles sont alimentées par la fontaine de la Magdeleine, dont la source véritable est à l'est et à une petite distance de l'établissement thermal, et en dedans du mur d'enceinte. (Ledru.)

« L'établissement thermal, écrit le docteur Donné, est vaste et solidement construit; ses voûtes en pierre de lave peuvent résister aux avalanches qui menacent de l'engloutir en hiver. Mais comme il y a toujours quelque imperfection à reprocher dans les œuvres humaines, on doit dire que cet établissement manque d'air et de lumière; il est sombre à l'intérieur et d'un aspect triste; la façade est belle, et l'on a eu le bon esprit de rappeler, dans quelques-uns de ses détails, l'architecture des monuments romains dont on a retrouvé les restes; car où ce grand peuple n'a-t-il pas laissé des traces de son séjour ou de son passage? Jusque dans les gorges les plus reculées de nos montagnes, partout où existent des sources thermales, au centre

---

(1) On a fait, dans ces derniers temps, des salles nouvelles où l'on donne des bains et des fumigations de vapeur, des pédiluves et des manuluves. Les fonds votés en 1844, par le conseil-général, serviront à agrandir et à améliorer l'établissement du Mont-d'Or, qui ne pouvait suffire, tant le nombre des baigneurs est considérable.

comme à l'extrémité de la France, dans l'Auvergne comme dans les Pyrénées, les Romains avaient élevé des thermes et consacré des temples aux divinités bienfaisantes de ces lieux. Et tandis qu'aujourd'hui nous parvenons à grand'peine à construire des bâtiments carrés, sans aucun ornement; tandis que la plupart de nos établissements thermaux, dépourvus de toute architecture, ne sont pas achevés, les fouilles du Mont-d'Or, de Bagnères, de Néris, etc., font découvrir des débris de riche sculpture, des colonnes monumentales ayant appartenu à des édifices dignes des grandes cités.

» Mais à défaut de sculpture, l'établissement du Mont-d'Or possède tout ce qui est nécessaire à l'administration des bains, des douches, etc.; il est muni d'appareils bien disposés, et il ne manque ni de piscines ni de bains de vapeur; c'est en un mot, un établissement complet (1). »

Sources minérales du Mont-d'Or actuellement utilisées.

1°. Source Caroline.

Cette source jaillit derrière et très-près du Bain de César. Elle a été découverte en 1821. Son trop-plein se déverse dans l'un des réservoirs du Pavillon.

---

(1) *Journal des Débats*, 28 octobre 1845. (Feuilleton).

2°. Bain de César.

Ce bain a été conservé à peu près tel que nous l'a-
vons décrit d'après Chomel. Il est situé au nord-nord-
ouest du Pavillon, il touche le mur d'enceinte. Ses
eaux ont la même destination que celles de la fontaine Caroline.

3°. Grand-Bain ou bain Saint-Jean.

Les bâtiments qui entouraient le Grand-Bain ont
été abattus, et les dalles du Pavillon le recouvrent
aujourd'hui. Plusieurs filets se rassemblent dans ce
bassin. Les plus considérables marquent $+ 50°$, les
moins volumineux atteignent à peine $+ 20°$ ou $21°$.
Par suite du mélange de ces sources on obtient une
température moyenne de $+ 39°$ à $42°$. Les eaux du
bain Saint-Jean alimentent les baignoires du Pavillon.

4°. Bain-Ramond.

Pendant que l'on creusait les fondements des nouveaux thermes, on découvrit un puits octogone qui
recevait une source minérale faisant monter le thermomètre centigrade à $+ 42°$. Ce puits porte le nom
de Bain-Ramond. Il est au sud-ouest et à six mètres
de l'angle nord-est du *premier étage*. (Ledru.)

5°. Bain de Rigny.

On a reconnu son existence en même temps qu'on
a découvert le Bain-Ramond. Un puits carré reçoit la
source minérale qui l'alimente. Il est au sud-sud-ouest
et à huit mètres du bain précédent.

6°. Source de la Magdeleine (1).

En 1823, les eaux de cette fontaine venaient sourdre au milieu d'un petit bâtiment carré, construit il y a une vingtaine d'années sur la place du Panthéon. Pendant les travaux exécutés à cette époque, on a décombré l'aqueduc romain qui conduisait cette source à son débouché. Il cotoie la façade méridionale de l'établissement, et passe ensuite tout près des piscines. En le suivant on est parvenu à la faille du trachyte d'où jaillit l'eau minérale. Cette fente est à 25 mètres de la façade principale de l'édifice thermal et à 4 ou 5 mètres de sa façade orientale. Elle est en dedans de la muraille d'enceinte des nouveaux thermes. Aujourd'hui l'eau de la Magdeleine alimente les buvettes de la galerie couverte, et la nuit elle se rend aux piscines.

7°. Sources de Sainte-Marguerite et du Tambour.

Elles sont derrière et au-dessus de l'établissement du Mont-d'Or. L'eau de Sainte-Marguerite se réunit dans un petit bassin en pierre de taille. La fontaine du Tambour est à côté (2).

---

(1) Il existe encore une autre petite source à l'est, et à quinze mètres de la fontaine de la Magdeleine.

(2) Jean Banc est fort étonné qu'une fontaine minérale froide se trouve tout à côté d'une source thermale, et il s'écrie : « Que le lecteur admire auecques moy ceste prochaine contrariété de froid et de chaud en liqueur de pareil meslange et composition de mineraux. » Page 133-2.

Mêlée au vin, l'eau de Sainte-Marguerite fournit une boisson froide et aigrelette très-agréable.

Propriétés physiques et chimiques.

Les eaux minérales du Mont-d'Or sont toutes limpides, incolores et acidules. Mais les unes sont froides et non salines, et leur saveur, quand l'acide carbonique s'est dégagé, est à peu près la même que celle des eaux potables. Ces sources froides sont celles du Tambour et de Sainte-Marguerite.

L'eau acidule de Sainte-Marguerite contient quatre cent cinquante centimètres cubes d'acide carbonique ; elle n'est point saline.

Les autres, et ce sont les plus nombreuses, sont chaudes et contiennent, indépendamment de l'acide carbonique, une certaine quantité de sels qui leur donne une légère saveur alcaline.

Un litre de ces eaux laisse, quand on l'évapore, un résidu pesant cent vingt à cent quarante centigrammes.

Elles se couvrent, quand on les expose à l'air libre, d'une mince pellicule irrisée, formée de matière organique de carbonate de chaux et de silice.

Pour que le lecteur apprécie plus facilement les différences ou les analogies que peuvent offrir les diverses sources que nous étudions, nous avons réuni les renseignements publiés par M. M. Bertrand, sur leur densité, leur volume et leur température.

NOMS DES SOURCES.	Nombre de litres à la min.	Therm. centigrad.	Pesanteur spécifique.
Fontaine de Ste-Marguerite ..		15°	1,00055
— Caroline	43	45°	1,00218
— de la Magdeleine ...	100	45°,5	1,00170
Bain de César	41	45°	1,00190
Grand-Bain.................	38	39° à 42°	1,00190
Bain Ramond	13	42°	1,00190
— de Rigny..............	12	42°	1,00218
Total des litres d'eau fournis à la minute.	247	»	»

Les analyses suivantes donnent une idée exacte de la composition des eaux minérales chaudes du Mont-d'Or (1).

Analyses trouvées.	Source de la Magdeleine. — Bertrand.	Grand-Bain. — Bertrand.	Bain de César. — Berthier.
Carbonate de soude........	0,386	0,409	0,453
Sulfate de soude	0,116	0,102	0,065
Chlorure de sodium........	0,296	0,300	0,380
Carbonate de magnésie.....	0,077	0,096	0,060
Oxide de fer	0,022	0,008	0,010
Carbonate de chaux........	0,237	0,282	0,160
Alumine.................	0,126	0,061	»
Silice.................	»	0,079	0,210
TOTAL des sels par litre d'eau	1,260	1,337	1,338
Acide carbonique........	0,133	0,067	

(1) Duclos prétend avoir obtenu, avant l'année 1675, un résidu représentant 1/284 du poids de l'eau (35 décigrammes par

Dans le tableau qui va suivre, nous avons transformé par le calcul les carbonates en bisels, et l'oxide de fer en bicarbonate.

Analyses calculées.	Source de la Magdeleine.	Grand-Bain.	Bain de César.
Bicarbonate de soude.	0,545	0,578	0,633
Sulfate de soude	0,116	0,102	0,065
Chlorure de sodium.	0,296	0,300	0,380
Bicarbonate de magnésie. . . .	0,117	0,145	0,091
— de fer.	0,050	0,018	0,022
— de chaux..	0,339	0,406	0,225
Alumine..	0,126	0,061	»
Silice	»	0,079	0,210
Matière organique	traces.	traces.	traces.
Apocrénate de fer..	».	»	traces.
TOTAL des sels par litre d'eau..	1,589	1,689	1,626

M. Bertrand fils, en exécutant les manipulations décrites par Berzelius, a obtenu, en traitant le résidu ocreux des eaux du Mont-d'Or, une petite quantité de matière organique offrant les caractères de l'acide apocrénique (1).

Le même chimiste, dans les recherches qu'il a faites, conjointement avec M. Aubergier fils, a cons-

litre). En 1810, l'une des sources a donné à M. Bertrand 152 milligrammes de substances diverses. Le même médecin a trouvé, en 1823, 1260 milligrammes de sels et d'oxides dans l'eau de la Magdeleine. En 1845, l'eau de la Magdeleine nous a laissé un résidu pesant 1300 milligrammes.

(1) Communication orale.

taté dans la source du Bain de César, la présence des acides crénique et apocrénique (1).

L'acide carbonique libre que les eaux minérales du Mont-d'Or tiennent en dissolution, exerce certainement une action très-sensible sur la peau des baigneurs; mais l'effet stimulant produit par ce gaz est encore plus marqué lorsqu'on fait usage des eaux à l'intérieur. Quant à l'action des sels, elle est nécessairement moins forte que dans les autres établissements thermaux du département du Puy-de-Dôme, où les eaux renferment une proportion plus considérable de substances salines solubles et insolubles.

L'excitation au Mont-d'Or est donc principalement le résultat de la haute température des eaux. On comprend qu'il est facile de modérer à volonté l'influence de ce remède. Il suffit pour cela de laisser refroidir le bain jusqu'à un certain degré.

Propriétés médicinales.

La connaissance des propriétés médicinales des eaux du Mont-d'Or remonte à une haute antiquité. En effet, d'après M. M. Bertrand, on doit leur appliquer ce que dit Sidoine-Apollinaire, des *eaux chaudes qui jaillissent dans les montagnes, au mi-*

_____

(1) Royat et le Mont-d'Or. Annales d'Auvergne, page 347, 1845.

lieu des pierres ponces, en faisant entendre un bruit caverneux, et qui sont utiles aux malades phthisiques, ou qui ont le foie attaqué (1).

On ignore ce qui s'est passé pendant les temps qui ont suivi l'époque gallo-romaine; mais après bien des siècles, Brieude nous assure que de tout temps la guérison des phthisies pulmonaires a fait la célébrité des eaux minérales du Mont-d'Or. Cette réputation est-elle méritée, c'est ce qu'il importe d'examiner avec le plus grand soin.

a. Traitement de la phthisie.

La guérison des tubercules et des cavernes pulmonaires étant encore problématique, nous avons dû étudier avec une attention scrupuleuse les observations recueillies et publiées par le médecin-inspecteur du Mont-d'Or, et ayant pour objet des malades présentant les symptômes rationnels de la phthisie.

1°. Dans la première série, les signes stétoscopiques sont indiqués une seule fois. *Il y avait pectoriloquie évidente.* Les eaux ont amélioré l'état du malade pendant les années 1820 et 1821, mais la mort est arrivée en 1822.

2°. Chez plusieurs personnes des accidents simulant la phthisie, se sont montrés après la disparition de maladies goutteuses, rhumatismales, dartreuses;

(1) M. Bertrand, page 75.

les eaux minérales ont favorisé le retour à la santé, en faisant reparaître les affections supprimées. Cette série renferme neuf personnes guéries et quatre mortes.

3°. Le troisième groupe comprend six poitrinaires qui ont eu des hémoptysies. Trois sont morts, trois sont guéris.

4°. Viennent ensuite les individus chez lesquels l'étroitesse de la poitrine, la prédisposition aux rhumes, des crachats verdâtres, purulents, striés de sang, des sueurs partielles semblent annoncer la présence d'une ou de plusieurs cavernes. Quatre malades ont éprouvé de l'amélioration, deux ont succombé.

5°. Chez les autres poitrinaires, la maladie était plus avancée, chez quelques-uns les eaux ont produit un bien passager, mais tous sont morts au bout de quelques années.

Si nous ajoutons à ces faits ceux que nous avons rencontrés nous-même, nous arrivons aux conclusions suivantes : 1°. On n'a publié aucune observation démontrant d'une manière certaine que des cavernes pulmonaires ont été guéries par l'usage des eaux minérales du Mont-d'Or. Ajoutons que la même assertion s'applique aux eaux sulfureuses des Pyrénées. 2°. Plusieurs malades, probablement affectés de tubercules ou d'engorgements pulmonaires compliqués de bronchite chronique, se sont bien trouvés de l'usage de ces eaux.

Ces liquides ne doivent jamais être prescrits aux individus dont l'estomac est très-irritable, à ceux qui ont une maladie grave du cœur, des engorgements squirrheux ou cancéreux, de la fièvre ou de la diarrhée.

Est-il rationnel de les administrer aux personnes affectées d'hémoptysies? M. Bertrand les défend à ceux qui ont des hémoptysies actives; il en permet l'usage à ceux qui ont des crachements de sang asthéniques. Nous sommes loin de désapprouver la conduite du savant inspecteur; nous n'avons nullement la prétention de mettre notre pratique en parallèle avec la sienne qui est appuyée sur une longue expérience, mais nous n'avons point encore osé conseiller l'usage des eaux alcalines thermales aux hémoptysiques; nous avons été retenu par la crainte que la température élevée des eaux augmente la tendance aux hémorragies, par la crainte surtout que les sels alcalins introduits augmentent la fluidité du sang, et favorisent l'exhalation sanguine. Ces craintes sont peut-être exagérées, mais nous n'avons point encore pu les bannir de notre esprit.

Lorsque ces contre-indications n'existent point, et lorsque des sueurs générales, modérées, se manifestent pendant l'usage de ce remède sans déterminer la fièvre, on peut espérer qu'il sera utile. Une amélioration rapide est souvent d'un fâcheux augure. (Bertrand.)

b. Bronchites et pneumonies chroniques, asthme.

Les bronchites, les pneumonies et les pleurésies qui sont entretenues par un état de faiblesse générale ou locale, une constitution lymphatique, une répercussion dartreuse, rhumatismale, hémorroïdale ou arthritique, sont presque toujours améliorées ou guéries par l'ingestion long-temps continuée des eaux du Mont-d'Or.

Brieude conseille ce médicament aux asthmatiques, et Chomel cite une observation de guérison obtenue sur une femme d'Herment.

M. Bertrand distingue deux espèces d'asthmes. L'asthme nerveux est amélioré par les pédiluves et l'aspiration des vapeurs minérales; l'asthme humide ou catarrhe suffocant exige l'usage des eaux prises en boissons (1).

c. Maladies diverses.

On prescrit également les bains et les eaux du Mont-d'Or aux personnes affectées de gastro-entéralgies simples et rhumatismales, de rhumatismes nerveux ou articulaires chroniques des membres, d'engorgements de l'utérus, du foie, ou des articulations, d'hypersécrétions asthéniques des muqueuses génito-urinaires, de paralysies nerveuses ou rhumatismales.

---

(1) Communication orale de M. Pierre Bertrand.

B. *Sources de la Compissade, de la Fenêtre du Diable et de la Vallée des Enfers.*

1°. Entre la Bourboule et le Mont-d'Or, sur la rive gauche de la Dordogne, on trouve la petite fontaine acidule de la Compissade; elle est entourée de travertins. (Lecoq.)

2°. Près de la Fenêtre du Diable, un petit jet d'eau minérale s'échappe d'une ouverture creusée dans un calcaire incrustant. (Lamotte, pharmacien.)

3°. Enfin, MM. Bouillet et Lecoq assurent qu'il existe des eaux minérales au fond de la Vallée des Enfers.

MONTFERMY.

La fontaine acidule et ferrugineuse de Trimoulet appartient à cette commune. Nous ne savons point si elle est fréquentée par les habitants du voisinage.

MONTPENSIER.

1°. Au nord-ouest de la butte calcaire de Montpensier, à deux kilomètres nord de la ville d'Aigueperse; au milieu des champs cultivés, à une petite distance et à droite de la route de Paris, on remarquait, avant 1829, un enfoncement ovallaire recouvert d'un gazon très-court. Aux deux extrémités de cet enfoncement, de l'eau fangeuse et froide remplissant deux excavations peu profondes, était traversée par des courants d'acide carbonique qui la faisaient bouillonner. Le creux placé du côté de l'est ne se desséchait jamais complétement, même pendant les grandes chaleurs de l'été. Après les pluies abondantes d'automne, la totalité de l'enfoncement se remplissait d'eau, et des dégagements plus ou moins considérables de gaz méphitique se montraient sur un grand nombre de points.

Après 1830, les terrains qui entourent ces *sources de gaz*, ont été acquis par MM. Brosson frères; des puits recouverts d'une voûte ont permis de recueillir l'acide carbonique, et de créer une fabrique de bicarbonate de soude. Aujourd'hui, cette usine est abandonnée.

Le dégagement d'acide carbonique de Montpensier ne contient aucune trace d'hydrogène sulfuré. Avant qu'il fût capté, il asphyxiait fréquemment les allouettes et les rats qui venaient boire dans la mare, ce qui lui a fait donner le nom de Fontaine empoisonnée (1).

2°. Dans la cour du domaine de la chapelle de Montpensier, on trouve un puits dont l'eau légèrement minéralisée contient de l'acide carbonique libre.

A l'approche des orages, l'eau de ce puits se trouble, et la présence du gaz méphitique devient très-manifeste. (Renseignements recueillis en 1829.)

---

(1) Quelques auteurs lui ont assigné le nom de Fontaine empoisonnée d'Aigueperse.

Murat-le-Quaire.

Les sources minérales de Murat-le-Quaire viennent sourdre, les unes dans le hameau de la Bourboule, les autres dans le ravin Salé et la vallée de la Vernière.

A. *Sources et établissement de la Bourboule* (1).

Le hameau de la Bourboule est au sud et à cinq cents mètres de Murat-le-Quaire, sur la rive droite de la Dordogne. Comme il est bâti au milieu d'une petite plaine moins élevée que le village du Mont-d'Or, la température de son atmosphère est un peu plus douce que celle de ce dernier village. Les sites pittoresques les plus remarquables de cette localité sont la cascade de la Vernière, la Roche-Vendeix et le ravin de l'Eau salée.

On sait peu de choses sur l'histoire des eaux minérales de la Bourboule. Une route ancienne et des restes de constructions romaines doivent faire supposer que les fontaines thermales qui nous occupent, ont été fréquentées par les Romains (2).

D'anciens titres prouvent aussi que dès 1460, il y

---

(1) Il est à 505 hectomètres de Clermont-Ferrand, et à 8 kilomètres environ du Mont-d'Or.

(2) « On a trouvé, en creusant les fondements de l'établissement de la Bourboule, une ancienne fosse, dont l'origine date de l'ère romaine, et qui fait penser que ces eaux furent usitées autrefois en même temps que celles du Mont-d'Or. » (Lecoq.)

avait un hospice établi dans le hameau de la Bourboule. Cet hospice payait des droits au seigneur de
Murat. (Lecoq.)

En 1740, « la source principale est couverte
d'une voûte de neuf à dix pieds de hauteur ; son
bassin est de huit pieds de long sur cinq de large
environ ; l'entrée est tournée du côté du midi. Le
bâtiment s'appuie du côté du nord contre une colline formée d'un banc de pierres friables. Les sources sont nombreuses ; l'eau a un goût lixiviel et
désagréable.

» Ce bain est en très-mauvais état. Le hameau
voisin n'offre aucune ressource aux baigneurs. »

Lemonnier auquel nous empruntons ces renseignements, nous apprend encore que les eaux de la
Bourboule sont plus chaudes et plus purgatives que
celles du Mont-d'Or.

Cet état de choses a duré jusqu'en 1821. (Bertrand.)

A cette époque on a construit le nouvel établissement qui se compose d'un petit bâtiment carré dont
la façade regarde le sud. Il renferme une grande
salle autour de laquelle sont placés huit cabinets
munis de douches et de baignoires. La source occupe
l'angle nord-est de l'édifice. Elle fait monter le
thermomètre à + 52° centigrades ; la température
de l'eau dans les cavités balnéennes varie entre +
35° et + 40°.

Quelques hôtels offrent des logements capables de recevoir une cinquantaine de malades.

Les sources de la Bourboule sont au nombre de six. Les unes sortent du granit, les autres des tufs ponceux qui recouvrent la roche primitive.

« La principale ou le *Grand-Bain* est celle qui fournit toute l'eau à l'établissement thermal. Son produit est de 20 litres par minute.

» Un peu plus bas et toujours dans le même sol est le petit bain, désigné sous le nom de *Bagnassou*. Il est recueilli dans une fosse carrée d'où l'eau s'échappe pour se perdre. La quantité d'eau peut être évaluée à 10 litres par minute.

» La troisième est celle que l'on désigne sous le nom de *Fontaine des Fièvres;* elle coule par un tuyau dans un bassin creusé dans le tuf, et elle est enfermée dans un petit bâtiment. Son produit est d'environ 10 litres parminute.

» La quatrième et la cinquième sources, dites de *la Rotonde*, à cause du petit bâtiment qui les abrite en partie, sont les plus élevées, et sortent immédiatement du granit. Ces deux filets d'eau sont peu abondants, et de température différente.

» Enfin la sixième, que l'on désigne sous le nom de *Source du Jardin*, est une des moins élevées. Elle donne environ 5 litres par minute.

» On observe encore çà et là plusieurs filets qui se

perdent aussi, et qui sont tous de même nature que l'eau des fièvres (1). »

M. Mercier, de Rochefort, voudrait que l'on réunît les filets vagabonds de la fontaine principale, et que l'on utilisât quelques autres sourcesperdues pour le service. On augmenterait le volume des eaux qui arrivent dans l'établissement sans nuire à la propriété des bains.

Propriétés physiques et chimiques.

Les eaux du Grand-Bain et du Bagnassou offrent la même composition ; les autres sources sont un peu différentes, et leur composition se rapproche beaucoup de celle de la Fontaine des Fièvres. Cette circonstance nous engage à étudier séparément les deux sources qui doivent nous servir de type.

a. Eau du Grand-Bain.

« Cette eau paraît limpide quand on la recueille dans un vase de *petite dimension ;* mais elle a un aspect louche dans les baignoires, ou quand elle se trouve en grande masse ; elle a une légère odeur fade, une saveur d'abord acidule et ensuite salée ; elle est onctueuse au toucher ; sa température est, comme

---

(1) H. Lecoq. Observations sur les eaux thermales et minérales de la Bourboule. Annales de l'Auvergne, 1828.

nous l'avons vu, de +- 52 degrés centigrades ; il s'en
dégage une assez grande quantité d'acide carbonique.
Elle laisse déposer sur les parois des baignoires une
forte proportion de carbonate de fer, et se couvre, à sa
surface, d'une pellicule irrisée due à une matière
grasse particulière, qui lui communique son onctuo-
sité. Sa pesanteur spécifique, comparée à celle de l'eau
distillée, est de 1,008.

» Pendant l'évaporation, l'eau noircit fortement les
vases d'argent dans lesquels on opère. » (H. Lecoq.)

D'après les expériences faites par M. Lecoq,
1,000 grammes d'eau du Grand-Bain contiennent en
poids métriques :

Grammes.

Acide carbonique.......... 1,9092

Azote................... 0,0755

Analyse trouvée.	Gram.	Analyse calculée.	Gram.
Carbonate de soude. . .	1,3776	Bicarbonate de soude. .	1,9482
Sulfate de soude	0,2556	Sulfate de soude	0,2556
Chlorure de sodium. . .	3,9662	Chlorure de sodium. . .	3,9662
Carbonate de magnésie.	0,1889	Bicarbon^{te} de magnésie.	0,2865
— de fer. . . .	traces	— de fer. . . .	traces.
— de chaux. . .	0,0112	— de chaux . .	0,0160
Alumine.	0,0435	Alumine.	0,0435
Silice	0,0667	Silice	0,0667
Hydrosulfate de soude.	traces	Hydrosulfate de soude.	traces.
Matière organique. . .	traces	Matière organique. . .	traces.
Perte	0,0868	Perte	0,0868
TOTAL des sels par litre d'eau. . . .	5,9965	TOTAL des sels par litre d'eau. . . .	6,6695

b. Source des Fièvres.

« L'eau de cette source est limpide, transparente, même en grande masse; elle n'a pas sensiblement d'odeur; mais pourtant, quand on entre dans le bâtiment qui l'abrite, on sent distinctement une légère odeur d'hydrogène sulfuré. Sa saveur est d'une acidité bien prononcée, ensuite salée, et paraît plus forte que celle du Grand-Bain; ce qui tient probablement à l'absence de la matière organique. Elle laisse dégager beaucoup d'acide carbonique, et les surfaces sur lesquelles elle se répand, sont couvertes de carbonate de fer, dont elle se dépouille presque entièrement peu de temps après sa sortie.

» Sa pesanteur spécifique, comparée à celle de l'eau distillée, est de 1,005; sa température est de $+31°,5$ centigrades; mais il paraît, d'après les observations de M. le docteur Mercier, qu'elle varie un peu avec les saisons, ce qui est vraisemblable, parce qu'elle parcourt un trajet assez long dans le tuf volcanique, après sa sortie du granit. » (H. L.)

Parmi les expériences faites par M. Lecoq, nous devons signaler les suivantes : « Une pièce d'argent placée immédiatement sous le jet de la fontaine, noircit au bout de quelque temps, tandis qu'éloignée de trois pouces seulement de la chute d'eau elle conserve son éclat pendant plusieurs jours. Le précipité que l'on obtient par le nitrate d'argent est toujours coloré et indique la présence d'un hydrosulfate. »

En résumé 1,000 grammes d'eau renferment :

Grammes,

Acide carbonique libre. 2,8230

Analyse trouvée.	Gram.	Analyse calculée.	Gram.
Carbonate de soude. . .	0,9582	Bicarbonate de soude. .	1,3549
Sulfate de soude	1,7766	Sulfate de soude	1,7766
Chlorure de sodium. . .	2,7914	Chlorure de sodium. . .	2,7914
Carbonate de magnésie.	0,0416	Bicarbonte de magnésie.	0,0631
— de fer. . . .	traces	— de fer. . . .	traces.
— de chaux. . .	0,0139	— de chaux. . :	0,0199
Alumine. . . ·.	0,0278	Alumine.	0,0278
Silice	0,1121	Silice	0,1121
Hydrosulfate de soude .	traces	Hydrosulfate de soude .	traces.
Perte	0,0416	Perte	0,0416
TOTAL des sels par litre d'eau. . . .	5,7632	TOTAL des sels par litre d'eau. . . .	6,1874

On voit, en comparant les analyses de l'eau du Grand-Bain et de celle de la source des Fièvres, que la première renferme davantage d'hydrochlorate et de bicarbonate de soude, et moins de sulfate de la même base.

Propriétés médicinales.

Les habitants des communes voisines de Murat-le-Quaire, opposent les eaux de la Bourboule à toutes les maladies chroniques. Malheureusement les cures merveilleuses qu'ils racontent n'ont point été vérifiées par des hommes de l'art. En l'absence de tout autre renseignement, nous allons résumer les observations recueillies par le docteur Mercier, de Rochefort, homme consciencieux et plein de talent, qui a été, pendant plusieurs années, le médecin-inspecteur de l'établissement de la Bourboule. D'après ce médecin, les eaux qui nous occupent, conviennent aux personnes affectées de rhumatismes fibreux, articulaires et musculaires chroniques; de tumeurs blanches, d'affections scrofuleuses de diverses espèces; de gales ou d'eczéma invétérés et d'un grand nombre d'autres maladies dartreuses; d'engorgements utérins, de leucorrhée atonique ou de paralysie.

Chomel nous assure que des paralytiques sur lesquels les eaux du Mont-d'Or n'avaient produit aucun effet ont été guéris par les bains de la Bourboule.

Enfin, M. Bertrand, inspecteur des eaux du Mont-d'Or, parle ainsi de l'établissement de Murat-le-Quaire : « Ces bains ont réussi dans les paralysies, où ceux du Mont-d'Or avaient échoué. Je ne doute pas que leur haute température et les sels à base alcaline, qu'ils contiennent en grande proportion, n'en fassent un puissant remède contre les rhumatismes, les engorgements articulaires indolents, *les abcès par congestion*, les ulcères scrofuleux, et en général contre les affections atoniques extérieures dont la cause ne réside point dans le cerveau (1). »

----

(1) M. Bertrand. Recherches sur les eaux du Mont-d'Or, page 497.

B. *Sources du Ravin salé et de la cascade de la Vernière.*

Quelques filets d'eau minérale suintent dans le ravin de l'eau salée, (Lecoq.) et une petite source saline jaillit à droite, et tout près de la cascade de la Vernière.

« Elle était regardée autrefois comme une eau pestiférée qui tuait infailliblement les bêtes bovines qui avaient le malheur de la rechercher. Un propriétaire du pays assure que lui et ses voisins ont perdu tous les bœufs et toutes les vaches qui s'y sont désaltérés. Aussi est-il recommandé aux pâtres d'en éloigner les troupeaux. Cependant cette source n'a d'autres agents minéralisateurs que quelques sels, de l'oxide de fer et du gaz acide carbonique. Aujourd'hui que l'on est détrompé, les filles chlorotiques des environs la boivent et avec succès. » (Mercier, de Rochefort.)

Nébouzat ou Nabouzat.

1°. Près du moulin de la Gorce, au milieu d'une prairie et non loin d'un ruisseau, on trouve une source minérale froide et abondante qui sort du gneiss. L'eau de cette fontaine est limpide, acidule, légèrement saline et ferrugineuse. (Lecoq.) En évaporant un litre de ce liquide, nous avons obtenu un résidu pesant 168 centigrammes.

Quelques malades fréquentent cette fontaine.

2°. Une autre source du même genre vient sourdre dans le village de *Las Aiguas*, à droite, en remontant le ruisseau. (Mercier, de Rochefort.)

NESCHERS, voyez COUDES.

NONETTE.

Plusieurs filets d'eau minérale sortent des fentes des travertins et des marbres qui couvrent les pentes septentrionales de la montagne de Nonette. Mais c'est surtout auprès du hameau d'Entraigues que ces suintements abondent. Ils sont entourés de calcaires incrustants dont les formes sont très-curieuses.

OLLIERGUES.

Il paraît qu'il existe une petite source minérale acidule et ferrugineuse à Chabrier-le-Bas, dans une prairie, sur la rive droite du ruisseau de Ripote et à un quart de lieue au-dessus du moulin du même nom. (Coiffier, d'Olliergues.) Cette source renferme 2 à 3 décigrammes de sels par litre d'eau.

PIQUE (LA), voyez CHAMBON.

PONTGIBAUD.

Les fontaines désignées par les auteurs sous les noms de sources minérales de Pontgibaud appartiennent aux communes de Saint-Ours, de Bromont et de Chapdes-Beaufort.

PROMPSAT.

En sortant du village de Prompsat, on remarque
sur le bord du chemin de Gimeaux, au pied d'une
croix, une source minérale gazeuse, saline, ferrugineuse et calcaire, faisant monter le thermomètre centigrade à --+- 24°. (Lecoq.)

PULVÉRIÈRES, voyez BROMONT et CHAPDES-BEAU-
FORT.

PUY DE LA POIX (1).

Nous ne connaissons dans la Basse-Auvergne qu'une
seule fontaine véritablement sulfureuse; elle jaillit au
puy de la Poix. Cette source minérale fournit en
même temps de l'acide carbonique, du gaz sulfhydrique, de l'eau fortement chargée de muriate de
soude et du bitume-malte.

Pour rendre plus intelligible la disposition des
lieux, nous allons indiquer quelques circonstances
géologiques importantes.

A la fin de la période tertiaire, des diks de wakite ont traversé de bas en haut les terrains tertiaires
de la Limagne; et comme cette plaine n'était pas
encore émergée, les parties les plus élevées de ces

(1) Ce puy, que l'on nomme en patois auvergnat *puy de la
Pége*, est situé sur le territoire de la commune de Clermont.

filons, ayant dépassé le niveau des calcaires, ont été remaniées par les eaux. Il en est résulté des couches alluviales qui se sont déposées sur les pentes et le sommet de ces éminences. Mais au-dessous de ces assises superficielles on retrouve la wakite non altérée.

Les monticules de wakites, de wakes ou de pépérites bitumineuses sont très-nombreux. Les plus remarquables sont ceux de Crouël, de Malintrat, de Pont-du-Château, de Clermont et du puy de la Poix (1).

Le puy de la Poix est un monticule situé à cinq ou six kilomètres *est* de Clermont-Ferrand, au *nord-est* et à une petite distance du puy de Crouël dont il est séparé par la route de Lyon. Il s'élève à dix ou douze mètres au-dessus des plaines environnantes. La roche qui occupe son sommet, est de couleur grise ou noirâtre, et sa texture est très-grossière; elle se désagrége facilement. Ses fentes contiennent du bitume-malte. Près de la source minérale, la wakite

---

(1) Il existe également des gisements de bitume au Calvaire, au puy Dulin, au puy de la Sau, à celui de Gandaillat, au puy Long, sur les puys d'Anzel, de Pelou et de Lempdes; près de Cournon, aux puys de Cornolet et de Chalus; à Lussat, au puy de Mur et à Machal; aux sources du Tambour et près du pont de Longue, à Coudes; à Gergovia, à Chamalières, à Chanturgue, à Terre-Fondue, à Cœur, à Crouzol, à Davayat, à Montpensier, etc.... Mais, dans ces diverses localités, on ne trouve point de source semblable à celle du puy de la Poix.

est plus dure et plus compacte. Sa cassure est d'un gris foncé, *truité* de gris clair.

Cette dernière portion de la petite montagne est moins élevée ; elle fait partie d'un communal appartenant à la ville de Clermont.

Jean Banc, qui écrivait au commencement du dix-septième siècle, assure qu'il existait de son temps au puy de la Poix *deux sources, l'une plus grande que l'autre ; l'eau en est aigrette et tiède. Elles sont situées sur le penchant de la colline. Au-dessus de la plus grande nage le bitume.*

La source principale, dont parle cet auteur, a disparu depuis qu'on a fait des fouilles près de la seconde fontaine. (Bouillet.)

Cette dernière est placée au milieu d'un fossé creusé sur le revers septentrional du puy de la Poix.

Avant **1718**, on voyait autour de l'ancienne source un bassin carré ayant un pied deux pouces de côté, et deux pieds de profondeur. (Caldaguès.) Ce bassin a été renversé avant **1796**. (Buc'Hoz.)

Afin d'assainir un cuvage placé sous le puy de la Poix, on commença à creuser, en **1829**, un fossé qui traversait la cavité où venait sourdre la seconde fontaine. M. Bouillet engagea l'Académie de Clermont à s'opposer à ce que les fouilles entreprises fussent poursuivies. Une commission composée de MM. Tailhand, Bouillet, Peghoux, Lecoq et Burdin, fut nommée et se transporta sur les lieux.

M. Tailhand, dans la séance de juin 1829, fit un rapport où il déclara nuisibles et illégaux les travaux exécutés sur le communal du puy de la Poix. Les conclusions de ce rapport furent approuvées par l'Académie et communiquées au maire de Clermont (1). Les travaux furent suspendus.

Postérieurement à l'année 1831, on a construit, autour de la source bitumineuse, un bassin de forme irrégulière et d'environ deux mètres de côtés; il permet de recueillir facilement le pissaphalte (2).

Cette substance est ramassée par les domestiques d'une ferme voisine qui la vendent à M. Ledru, directeur de l'exploitation des bitumes du département du Puy-de-Dôme.

L'eau minérale du puy de la Poix est très-peu abondante, et comme le bassin où elle séjourne est découvert, elle se mêle aux eaux pluviales, et devient moins active lorsque le temps est mauvais; tandisque le soleil d'été augmente la proportion des matières salines qu'elle tient en dissolution. On prévoit d'avance que ces particularités doivent faire varier beaucoup la composition de ce liquide.

Une couche plus ou moins épaisse de bitume très-

(1) Annales d'Auvergne, 1829, page 276.
(2) Au sud-sud-est et un peu plus haut que ce bassin, on voit sortir d'une muraille le sommet d'une pyramide de granit que les antiquaires rangent parmi les pierres druidiques.

visqueux recouvre la surface de l'eau. Entre les glo-
bules de cette matière, on remarque une croûte blanche formée par du carbonate de chaux et des cristaux
de sel marin.

Lorsqu'il n'existait point encore de bassin, on pouvait suivre de l'œil la sortie de l'eau, des gaz et du
pissaphalte. On voyait alors s'échapper de temps en
temps des séries de bulles d'hydrogène sulfuré, mêlé
d'acide carbonique, chassant devant elles de petits
amas de bitume qui s'étalaient en s'entourant d'une
auréole irrisée. Parfois cette matière gluante obs-
truait la fente du rocher; l'eau et les gaz s'accumu-
laient au-dessous d'elle, et après quelques instants ils
projetaient au loin l'obstacle qui les avait un instant
arrêtés.

La source du puy de la Poix a fixé, depuis bien
des siècles, l'attention des naturalistes (1).

Belleforest, dans sa cosmographie, écrit, en 1575,
que l'on observe près de Clermont et de Montferrand
« vne colline ou montaignette, où le bitume coule
tout ainsi que fait vne source de fontaine, lequel est
noir au possible, gluant et tenant. » On s'en sert
dans le pays pour marquer les brebis. Cet auteur fait
remarquer que le pissaphalte est plus abondant en

---

(1) On trouve une source analogue dans le Languedoc; elle
porte le nom de font de la Pége. Bouillon-Lagrange, page 212.

été, tandis que *la froidure empêche la liqueur de se dissoudre et de distiller.*

Jean Banc nous assure « que les oiseaux, en hyver le plus glacé, qui viennent boire en ce lieu, incapable de gelée, s'y prennent comme à des gluaux? » Le bitume qui produit de pareils effets, répand une *horrible puanteur* (1).

Les sources et le puy de la Poix ont été étudiés, en 1718, par Caldaguès, chanoine de la cathédrale, et en 1749 par Delarbre. (Buc'Hoz.) Legrand-d'Aussy et MM. Lecoq et Bouillet s'en sont également occupés.

Le bitume-malte qui sort des fentes de la wakite, est épais, visqueux, tenace, d'un noir foncé tirant un peu sur le brun; son odeur est forte et désagréable. Soumis à la distillation, il laisse un résidu d'asphalte qu'on mélange avec du sable pour en faire des terrasses, des sols de cour et des fonds de réservoirs.

Nous ferons remarquer, à cette occasion, que l'emploi du bitume est très-ancien. « Il existe, dit Legrand, dans la ci-devant province d'Alsace, une source de pissaphalte. En 1740, si je ne me trompe, on avait fait entrer celui-ci dans la composition d'un nou-

---

(1) Jean Banc, page 14.

Caldaguès ajoute que les pigeons recherchent avec avidité l'eau de cette fontaine. *Manuscrits de la bibliothèque de Clermont.*

veau ciment qu'on prétendait indestructible et inalté-
rable dans l'eau, et il avait même été employé pour
quelques bassins des jardins de Versailles, et pour
celui du Jardin des Plantes à Paris (1). »

Bien avant l'époque où les trottoirs en bitume ont
détrôné, à Paris, la lave de Volvic, on construisait en
Auvergne des terrasses avec le pissaphalte du puy de
la Poix.

Parmi les produits volatiles qu'on extrait de ce bitume, en le chauffant en vases clos, on remarque
une huile semblable au naphte (2).

Les seules observations qui puissent nous indiquer,
d'une manière précise, la quantité de pissaphalte qui
se rassemble, dans un temps donné, à la surface de
l'eau du puy de la Poix, remontent à 1749. Elles ont
été faites par Delarbre. (Buc'Hoz.)

Au mois de juillet, la quantité de bitume sortie en
huit jours a été de six livres; au mois d'août, elle s'est
élevée dans le même temps à huit livres. Ce qui fait
pour la première expérience 367 grammes; pour la
seconde, 489 grammes en vingt-quatre heures. Ces
expériences ont été faites sur la première fontaine

---

(1) Tome 1, page 356.

(2) Chomel assure que Tournefort, en distillant le bitume du
puy de la Poix, en a retiré une huile analogue à celle de Pé-
trole. (Traité des eaux de Vichy, etc., page 343.)

qui a disparu. M. Ledru assure que la seconde fontaine qui existe encore donne 500 à 750 grammes de
bitume par jour pendant les chaleurs de l'été.

Propriétés physiques.

L'eau minérale du puy de la Poix présente, quand
on la voit en masse, un aspect louche et une teinte
légèrement plombée. Autrefois, alors que son écoulement était facile, elle paraissait limpide lorsqu'on la
puisait dans un vase de petite dimension. Elle a une
forte odeur d'œufs pourris et de pissaphalte; sa saveur est bitumineuse, sulfureuse et salée. Un ancien
auteur nous assure que quand on en boit même en
petite quantité, elle détermine des nausées et des
vomissements. Cet observateur ajoute, ce qui nous
paraît fort douteux, que la répugnance est étrangère
à la production de ces phénomènes.

Il est impossible aujourd'hui d'apprécier le degré
de chaleur de cette source minérale; mais au mois de
septembre 1831, elle a fait monter notre thermomètre centigrade à + 14°,5, la température de l'atmosphère étant, à l'ombre, de + 16°.

Propriétés chimiques.

Avant d'exposer les expériences auxquelles nous
nous sommes livré aux mois d'août et de septembre
1844, nous devons avertir que la quantité de sels
dissoute dans l'eau du puy de la Poix présente des

variations notables, comme le prouvent les observations suivantes :

Grammes.

1°. En 1718 Caldaguès, quand le bassin est presque vide, trouve par litre d'eau. 77,50

2°. Lorsque le bassin est plein, le résidu est de......................... 45,84

3°. Delarbre retire de la même quantité de liquide, sels âcres.............. 100,00

4°. L'évaporation faite au mois de septembre 1831, nous a fourni.......... 90,07

5°. Au mois de septembre 1844 nous avons retiré..................... 70,60

6°. Enfin au mois d'août 1844, chaque litre a laissé un résidu de............ 82,67

C'est sur cette dernière quantité que nous avons opéré.

Voici les proportions de substances gazeuses et des sels contenus dans un litre d'eau du puy de la Poix.

	En grammes.	En litres.
Acide carbonique......	1,5140	0,7648
Acide sulfhydrique.....	0,0166	0,0107
Azote et oxigène......	?	0,0500

(1) Nous nous sommes borné à analyser les gaz dissous dans l'eau.

Analyse trouvée.	Gram.	Analyse rectifiée.	Gram.
Carbonate de soude. . .	traces.	Bicarbonate de soude. .	traces.
Sulfate de soude.	7,9481	Sulfate de soude	7,9481
Chlorure de sodium. . .	70,9470	Chlorure de sodium. . .	70,9470
Sulfure de sodium (1). .	0,3869	Sulfure de sodium. . . .	0,3869
Chlorure de potassium.	traces	Chlorure de potassium.	traces.
Carbonate de magnésie.	0,1550	Bicarbonte de magnésie.	0,2350
Chlorure de magnesium.	0,5713	Chlorure de magnesium.	0,5713
Carbonate de fer. . . .	0,1300	Bicarbonate de fer . . .	0,1800
Carbonate de chaux.. .	2,0400	Bicarbonate de chaux. .	2,8899
Soufre et silice	traces.	Soufre et silice	traces.
Bitume et matière orga-		Bitume et matière orga-	
nique.	0,1520	nique	0,1520
Perte.	0,2597	Perte	0,2597
TOTAL des sels par litre d'eau. . .	82,5600	TOTAL des sels par litre d'eau. . . .	83,5399

L'eau minérale du puy de la Poix est trop active pour qu'on ose l'administrer à l'intérieur. Mais il serait possible, après l'avoir filtrée, de s'en servir pour préparer des bains minéraux. La présence du bitume la rendrait sans doute efficace dans certaines affections dartreuses. Déjà les expériences tentées par M. H. Lecoq, démontrent que ce médicament guérit promptement la gale.

(2) La source de la grotte inférieure (Bagnères de Luchon), qui est la plus sulfureuse des eaux des Pyrénées, ne contient par litre que 0ᵍ0868 de sulfure de sodium. (Patissier et Boutron-Charlard, page 102.)

Puy-Guillaume.

On voit près de la Dore et à peu de distance de Puy-Guillaume, une petite fontaine acidule froide qui nous a été signalée par M. le professeur Lecoq. Elle sort des terrains d'alluvion.

PIORY, voyez MONTCEL.

RAMBAUD, voyez SAINT-FLORET.

ROCHES, voyez CHAMALIÈRES et MARTRES-DE-VEYRE.

RODDE (LA), voyez AMBERT.

RHODIAS, voyez COURPIÈRE.

ROUZAT, voyez BEAUREGARD-VANDON.

ROYAT et CHAMALIÈRES.

Le territoire où sont groupés les thermes de Royat et de Chamalières est à l'ouest et à trois kilomètres environ de la ville de Clermont-Ferrand. Il fait partie de la vallée de Tiretaine, dont les touristes et les peintres ne se lasseront jamais d'admirer la luxuriante végétation, les eaux limpides et les magnifiques points de vue.

Près du village de Royat, des granits et des laves modernes ont été profondément entamés par les eaux. Mais à Saint-Mart les assises inférieures des formations tertiaires viennent s'appuyer contre les terrains cristallisés.

Les arkoses sont dominées au sud par des escarpements hérissés de pointes et d'inégalités, et aux flancs desquels sont suspendus des bouquets d'arbustes et des guirlandes de ronces et d'églantiers (1). On voit sur le second plan le volcan si curieux de Gravenoire.

Du côté du nord s'élève le puy de Chateix que couronnait autrefois le château du duc de Waifre (2). Des rochers, des gazons et des cerisiers sauvages ont remplacé les tours et les murailles crénelées, et des vignobles et des marronniers couvrent les pentes de la montagne et descendent jusqu'à ses pieds.

Au fond de la vallée, les eaux écumeuses de Tiretaine roulent bruyantes et rapides au milieu des digues et des blocs de roche noire; tandis que le ruisseau du bief coule paisiblement entre deux rangées d'arbres, et fait mouvoir de nombreuses usines. De vertes et fécondes prairies, dans lesquelles apparaissent çà et là les jolies fleurs bleues du myosotis, bordent les rives des deux cours d'eau.

Avant de relater les documents historiques qui peuvent éclairer l'histoire des sources minérales de Cha-

----

(1) Ces escarpements sont généralement connus sous le nom de rochers de Saint-Mart.

(2) Quelques historiens écrivent Waifer, d'autres Gaïfre.

malières et de Royat, disons quel était l'état des lieux avant l'année 1821.

Le moulin de l'Hôpital est au pied des *rochers de Saint-Mart* et sur la rive droite de Tiretaine (1).

Le moulin des Bains de César est en face et sur l'autre rive. La source et le puits qu'il renferme n'ont point encore été découverts.

Immédiatement au-dessous et à l'est du moulin de l'Hôpital, on observe, dans un communal, le Bain des Pauvres, composé de trois baignoires creusées aux dépens du roc, d'une source tiède peu abondante, d'une cour étroite et d'un mur d'enceinte qui protége à peine les baigneurs contre les regards indiscrets des passants.

---

(1) Plusieurs des sources exploitées par la commune de Royat, ayant leur origine dans les dépendances de ce moulin, nous allons donner quelques renseignements sur ses anciens propriétaires. Il appartenait, en 1767, à Laffont de Saint-Mart, avocat en parlement. Il fut vendu aux sieurs Pierre le 2 mai de la même année. Ceux-ci firent des améliorations, et leurs bénéfices devinrent considérables. Cette circonstance excita la jalousie des voisins, qui, profitant du mécontentement occasionné par la cherté des grains, provoquèrent une émeute, et dans le courant de mai 1771, l'usine des Pierre fut saccagée par la populace. Les nouveaux meuniers se décidèrent alors à vendre leur moulin à l'administration de l'Hôpital-Général de Clermont-Ferrand. Le marché fut conclu le 28 mai 1772. (Archives des hôpitaux de Clermont.) En 1843, une partie du jardin, attenant au nouvel établissement thermal, a été vendue à la commune de Royat.

Les piscines décombrées en 1843, sont ensevelies sous l'ancien chemin de Royat.

La fontaine de Saint-Mart, située à côté du moulin et de la chapelle qui portent le même nom, alimente un petit établissement où l'on trouve cinq cabinets et cinq vestiaires, dont la voûte ne dépasse point le niveau des cours (1).

La source de Beaurepaire est au milieu des jardins et sur le territoire des Roches, au sud et à six cents mètres environ de l'église de Chamalières.

Ceci bien compris et bien arrêté, consultons les écrits des anciens auteurs.

Belleforest, qui a fait imprimer, en 1575, une nouvelle édition de la cosmographie de Munster, s'exprime ainsi : « Il y a (à Saint-Marc) des praeries et deux bains, l'un d'eau calcineuse, et l'autre sulfurée, et au-dessous vne fontaine ayant le goust du vin et pour ce mal plaisante a boire. »

Le style de Jean Banc est plus pompeux, mais les renseignements qu'il donne ne sont pas plus précis.

« Et qui ne voit à Sainct-Marc, dit ce médecin, vne infinité de telles sources froides et chaudes voyre des bains encores adjencez par l'antiquité, qui en ceste vieillesse et caducité sont alterez de leur force

---

(1) Nous ne savons à qui appartenait le communal de Royat avant 1793; mais il est certain que les bains de St-Mart étaient la propriété des Bénédictins de Saint-Alyre.

et vertu? la negligence des voysins du lieu y ayant
laissé mesler des sources froides et douces.

» Encores depuis peu d'années, comme la negligence de l'antiquité avait laissé gaster plusieurs admirables sources, nostre postérité en sa trop grande
curiosité en a gasté vne froide calcanteuse et ferrugineuse au mesme territoire de Chamailleres. Car l'ayant
voulu accroistre pour rendre le canal plus spacieux et
capable, quelques sources froides s'y sont meslées
qui n'en ont jamais sceu estre separées depuis : et au-
parauant cela, ceste fontaine rendoit des succez aux
maladies tous pareils à celles de Pougues et Sainct-
Myon. »

Ailleurs, il ajoute qu'il serait facile d'arrêter les
infiltrations, et de réparer ces bains qui *marquent
estre vne pièce fort ancienne d'employ et qui n'est
pas beaucoup ruinée* (1). Il dit aussi à la page 131,
qu'il n'appartenait qu'aux Romains d'immortaliser
leur mémoire par l'architecture tant forte et bien cimentée. On voit encore de son temps *ceste liaison
de grosses pierres qui a grand peine se peult encores
despérir* (2).

Fléchier, dans sa relation des Grands-Jours, n'est
pas plus explicite. « Nous vîmes, écrit cet abbé, un

---

(1) Page 13 et 89.
(2) Cette liaison de grosses pierres ressemble très-peu au béton des piscines de Royat.

ancien bain ruiné qui est encore rempli d'eau, et qui est si chaud qu'on ne saurait quasi en approcher (1). »

On lit dans un vieux manuscrit, dont Audigier père était l'auteur, qu'il existait anciennement dans les environs de Saint-Mart, quatre sources d'eau minérale et de différentes qualités. Il y avait aussi des bains dont on faisait usage. Les ouvriers employés pour les nettoyer, creusèrent un peu trop; il s'y mêla des eaux froides qui altérèrent leur qualité (2).

Les citations précédentes suffisent pour établir que la tradition a conservé le souvenir des sources thermales décombrées en 1822 et 1843, et qui sont restées si long-temps enfouies et ignorées. Mais les piscines du Bain de César et de Royat ont-elles été vues par les historiens cités plus haut? c'est ce qui nous paraît fort douteux.

Les détails publiés par Chomel, en 1734, s'appliquent très-probablement aux bains de la chapelle de Saint-Mart; car aucune autre source thermale ne se trouve placée *au-dessous* de ce dernier édifice.

« On vient de découvrir tout nouvellement, dit ce médecin, ou plû-tôt renouveller des eaux chaudes

(1) Mémoires de Fléchier, édités par M. Gonod.

(2) Delarbre, Notice sur l'Auvergne, page 97. Ce renseignement est cité en partie dans l'ouvrage de Buc'Hoz.

au-dessous de la chapelle de Saint-Marc près Clermont, avec des bains voutés qui sont enterrés sous
terre. Il paraît que ces eaux ont été célebres : J'en ay
fait l'analyse et en ay bû : elles sont aigrettes et ont
le goût tout-à-fait vineux, elles rougissent la noix de
galle et fermentent un peu avec les acides, ce qui fait
voir qu'elles participent du fer. J'y ay été plusieurs
fois le matin, et y ay trouvé beaucoup de bûveurs qui
m'ont tous dit qu'ils estoient parfaitement purgés ;
je les crois supericures, prises en boisson, à toutes
les eaux minerales qui sont autour de Clermont. Elles
sont dans le territoire des Bénédictins de Saint-Alyre
qui y feront travailler (1). »

Après avoir lu le passage précédent, il est difficile
de croire à l'exactitude des assertions émises par
Delarbre, assertions que nous allons reproduire tex-
tuellement. « Saint-Mart, à la fin du siècle dernier,
était un prieuré dépendant de l'abbaye de Saint-
Alyre de Clermont ; il a été vendu. Le particulier qui
a acquis les appartenances de cette charmante solitude,
a fait construire des bains à la plus abondante des
sources : plusieurs malades y ont obtenu leur guérison,
et d'autres de très-grands soulagements (2). »

Nous sommes porté à croire que Delarbre a com-

---

(1) Traité des eaux minérales de Vichy, page 348.
(2) Notice sur l'ancien royaume des Auvergnats. Clermont-
Ferrand, 1805, page 98.

mis une erreur, et qu'il a substitué le mot construire
au mot restaurer.

L'article suivant nous apprend quel a été le résultat
des promesses faites par les Bénédictins à l'époque où
vivait Chomel. Dans le lieu nommé Saint-Mart, il y
a deux sources peu éloignées l'une de l'autre. « Elles
sont remarquables en ce que l'une, par les matières
qu'elle a déposées successivement autour de son canal, s'est entourée de concrétions pierreuses (Bain
des Pauvres); et que l'autre, sortant dans une sorte
d'île entre deux branches de la petite rivière de Fon-
tanat (Tiretaine), doit nécessairement couler sous
l'un des courants du ruisseau. » (S. de Saint-Mart.)
Malgré l'espèce de prédilection qui naturellement devait porter la faculté de médecine (1) à protéger les
sources des environs de Clermont, cependant elle
parut, il y a quelques années, donner la préférence
à celles de Saint-Mart.

On voulut construire des bains; le projet échoua,
parce que les Bénédictins, propriétaires du lieu, re-
fusèrent de se prêter aux arrangements (2).

Occupons-nous d'un autre ordre de renseignements.
Les montants de la porte et les escaliers de la piscine
carrée sont en lave feldspathique et poreuse; d'où l'on

---

(1) Il s'agit ici du collége de médecine de Clermont. Voyez
Delarbre, page 98.
(2) Legrand-d'Aussy, tome 1, page 182.

doit conclure que ce réservoir a été restauré après le douzième siècle (1).

Un autre fait semble démontrer que les bains du territoire de Saint-Mart ont disparu sous les décombres après l'établissement du christianisme dans les Gaules. En 1822, on a retiré du puits des Bains de César un fragment de marbre sur lequel étaient gravées cinq croix dont nous indiquerons plus loin la disposition.

Passons à la description des sources et des établissements thermaux.

A. *Sources minérales de la commune de Royat.*

1°. Eaux et thermes du communal de Royat.

Depuis combien de temps les thermes de Royat sont-ils enfouis? qui les a édifiés? qui les a renversés (2)? Ont-ils été détruits en même temps que le château du duc de Waifre par les troupes victorieuses de Pepin? ont-ils été ruinés à la suite d'une grande inondation? Les renseignements historiques que nous possédons ne nous permettent point de répondre d'une manière certaine à ces questions.

---

(1) On ne trouve ce genre de lave que dans les constructions élevées après le commencement du douzième siècle. (Mallay, architecte.)

(2) Plusieurs antiquaires supposent que la piscine hexagone date de l'époque romaine.

En 1843, lorsque le trajet de la route de Royat fut changé, quelques circonstances firent soupçonner l'existence des fontaines minérales nouvellement décombrées. Des recherches antérieures avaient appris que la source du Bain des Pauvres remontait à une petite distance des piscines; pendant l'hiver, à l'endroit où l'on a trouvé ces réservoirs, la neige fondait très-promptement; quelques naturalistes avaient remarqué sur les bords des fossés du voisinage des filets d'eau minérale ferrugineuse. Ces indices engagèrent les administrateurs de la commune de Royat à faire des recherches sur le communal et sous l'ancien chemin. Elles furent entreprises au commencement de l'année 1843, et conduites avec beaucoup de zèle, en présence du curé et du maire de la localité, par le fontainier Zani, de Clermont.

Le 22 février, la piscine carrée fut découverte. Elle était remplie de pierres et de vase. La voûte était percée, mais le reste du petit édifice était bien conservé. Ce bâtiment avait quatre mètres sur chaque face. La cavité où s'accumulait l'eau, était divisée en deux grandes baignoires par une cloison de parpaing. Plusieurs tuyaux en terre venaient s'y ouvrir, les uns étaient perméables, les autres pleins de sable et de terre. Presque tous se dirigeaient du côté du sud. Les eaux de la source principale se rendaient à la baignoire placée du côté de l'est. Leur température était de + 34°. La porte de la piscine, tournée vers le nord, était soutenue par des montants en lave poreuse et feldspathique, semblable à celle qu'on extrait des carrières de Pariou et de Volvic.

Une avance permettait de circuler autour du réservoir destiné aux bains.

Le 18 mai, une ancienne construction fort curieuse est déblayée. C'est un massif en béton ayant quatre mètres cinquante centimètres de côtés ; ce carré renferme un bassin hexagone garni intérieurement d'un banc circulaire peu élevé. La profondeur de cette piscine est de cent soixante centimètres. Quelques suintements parvenaient avec beaucoup de difficulté à ce réservoir, lorsqu'un ouvrier ayant brisé avec une pince les dépôts calcaires, on vit jaillir une source faisant monter le thermomètre centigrade à + 34° ou 35°.

Bientôt les travertins placés entre les deux piscines furent minés et des sources nombreuses apparurent soit du côté du nord, soit du côté du sud. Elles coulaient entre l'arkose et les travertins.

« En cherchant péniblement à déblayer un ancien canal recouvert par la route actuelle, et qui pouvait servir à vider le bassin hexagone, un des travailleurs arriva dans une chambre voûtée dont on n'a pas pu encore vérifier l'origine et le but ; on y a trouvé, au milieu de la vase qui l'encombrait, un fût de colonne de marbre blanc avec son astragale et divers pavés ou revêtements en marbre de couleur ; le tout évidemment antique (1). »

Au nord de la piscine et par de là la route on remarque un réservoir ayant la forme d'un carré long, et plus loin un aqueduc se dirigeant du nord-nord-est vers le sud-ouest. Enfin, au bord du ruisseau, on voit le Bain des Pauvres.

En 1843, la piscine carrée a été réparée, et un petit appartement a été construit au-dessus d'elle. La piscine hexagone et le grand creux qui l'avoisine, entourés de clôtures en planches, ont été divisés intérieurement en petits cabinets, où les baigneurs, séparés en apparence, plongent en réalité dans des réservoirs communs.

Au commencement de l'année suivante, la source de la buvette a été captée, et ses eaux arrivent aux robinets par un conduit entouré d'un massif de béton. A la même époque on bâtit, entre le jardin du moulin de l'Hôpital et la route, un petit établissement dont le sol est au moins à deux mètres au-dessous des terres voisines et du chemin. Cet édifice a la forme d'un ovale, son grand diamètre va de l'est à l'ouest : sa largeur est d'environ dix mètres, sa longueur de dix-huit à vingt mètres. Une seule porte existe du côté du nord, et l'on descend plusieurs escaliers avant d'ar-

---

(1) Royat, ses eaux, ses environs. Clermont, 1843, page 8.

river aux cabinets à bains. Les murailles supportent,
à leur partie supérieure, des massifs en pierre de taille
servant d'appui à la charpente du toit. Les croisées,
plus larges que longues, sont à plusieurs mètres au-
dessus du niveau du sol. Les cabinets sont très-étroits;
ils renferment des baignoires en zinc qui sont plongées
dans l'eau minérale. Un plancher mal joint est destiné
à empêcher l'arrivée du gaz méphitique jusqu'aux baigneurs. Avec des conditions aussi défavorables on devait s'attendre à des accidents. Ces prévisions se sont
malheureusement réalisées. Pendant l'année de 1844
et surtout à l'approche des orages, plusieurs asphyxies
incomplètes ont eu lieu, et ont contribué à discréditer
les eaux de Royat.

Les accidents que nous venons de signaler, et
l'usure des baignoires métalliques, qui ont été promptement percées, ont rendu nécessaires de nouvelles
réparations.

En creusant sous la route on est arrivé à la faille
du terrain tertiaire d'où sort la grande source de Royat.
On a pu la capter de manière à élever à volonté ses
eaux, ce qui facilite considérablement leur distribution.

En outre, on a construit au centre de l'établissement une cavité communiquant avec un pont destiné
à conduire les gaz, les vapeurs et le trop-plein des eaux
jusqu'au ruisseau de Tiretaine. Cette réparation a été
utile. On a également agrandi les cabinets et remplacé
les baignoires en zinc par de vastes baignoires en pierre.

14

Malgré ces travaux, les thermes de Royat sont insuffi-
sants, et cela est très-fàcheux, car les sources de cette
commune sont efficaces et abondantes. Est-ce à dire
pour cela que les eaux nouvelles doivent nuire à celles
du Mont-d'Or? Nous ne le pensons pas. Les sources
de cette dernière localité sont plus chaudes et moins
salines; leur position topographique n'est point la
même, elles doivent, à cause de cela, attirer une
clientelle entièrement différente. Cependant nous pouvons affirmer, et cette assertion est basée sur des faits
nombreux, que M. Pierre Bertrand a beaucoup trop
limité l'emploi thérapeutique des eaux minérales de
Royat (1).

Propriétés physiques et chimiques.

Les eaux des diverses fontaines minérales de Royat
offrent les mêmes qualités physiques et chimiques (2).
Toutes sont limpides et gazeuses. Leur saveur est aigrelette, légèrement alcaline et ferrugineuse. Celles
qui fournissent beaucoup d'eau laissent déposer près
de leur origine un dépôt léger et ocreux; si l'eau coule
moins rapidement, ou si l'on examine le sédiment à

---

(1) Royat et le Mont-d'Or, Annales d'Auvergne, 1845, p. 321.
(2) Nous pensons que les différences peu importantes qu'elles
ont présentées à l'analyse tiennent à l'infidélité des procédés
chimiques et aux altérations que quelques-unes des sources doivent éprouver en cheminant sous les travertins.

une plus grande distance du point de sortie, il est plus jaune et se trouve mêlé à une plus grande quantité de carbonate de chaux.

Des courants d'acide carbonique accompagnent le liquide minéral, et de la matière verte s'en sépare quand il séjourne pendant long-temps dans un réservoir découvert. Elle est moins abondante néanmoins qu'à Saint-Alyre, à Châtelguyon et à Saint-Nectaire.

Indiquons la température des sources principales :

	Centigrades.
Source de la buvette........ +	34°
— de la piscine hexagone. +	34° à 35°
Grande Source........... +	35°,5
Filets divers............ +	32° à 34°

Le volume de ces eaux est considérable. Toutes les sources réunies nous ont donné, en 1844, 196 litres à la minute. Après les fouilles nouvelles, le 31 mai 1845, nous avons obtenu 280 litres à la minute. Mesurées pour la troisième fois, le 27 décembre 1845, elles nous ont fourni également 280 litres à la minute.

L'analyse de la source de la buvette a été faite, en 1843, par M. Aubergier; elle a été publiée dans le Mémoire de M. Pierre Bertrand (1).

---

(1) Royat et le Mont-d'Or, Annales d'Auvergne, 1845, p. 335.
Nota. Les sels obtenus par nous, en évaporant un litre d'eau, ont été de 417 centigramm. Les sels solubles dans l'eau pesaient

Comme cette fontaine chemine au-dessous des travertins avant d'arriver aux robinets, nous avons dû étudier de préférence la composition chimique de la grande Source. En voici l'analyse telle que nous l'avons faite en 1845.

Analyse trouvée.	Gram.	Analyse calculée.	Gram.
Carbonate de soude. . .	0,8356	Bicarbonate de soude. .	1,1830
Sulfate de soude.	0,2250	Sulfate de soude	0,2250
Chlorure de sodium. . .	1,7421	Chlorure de sodium. . .	1,7421
— de magnesium.	traces.	— de magnesium.	traces.
Carbonate de magnésie.	0,2800	Bicarbonte de magnésie.	0,4237
— de fer	0,0350	— de fer	0,0485
— de chaux. . .	0,7100	— de chaux. . .	1,0203
Apocrénate de fer.. . .	0,0100	Apocrénate de fer.. . .	0,0100
Silice.	0,0860	Silice.	0,0860
Matière organique. . .	traces.	Matière organique. . .	traces.
Perte	0,2463	Perte	0,2463
TOTAL des sels par litre d'eau. . . .	4,1700	TOTAL des sels par litre d'eau. . . .	4,9849

La quantité d'acide carbonique libre, trouvée par M. Aubergier dans l'eau de la buvette, s'élève à 0 litre 215 ; celle de l'azote n'a point été déterminée.

Effets thérapeutiques.

La découverte des sources thermales de Royat étant

---

290 centigrammes, les sels insolubles dans l'eau et solubles dans les acides, 117 centigrammes, et les substances insolubles dans les acides, 10 centigrammes.

de date récente, nous allons étudier avec détail leur action physiologique et thérapeutique. Les lignes qui vont suivre résument les faits observés par nous durant les années 1843, 44 et 45. Les effets physiologiques varient suivant qu'on boit, dans un temps donné, une quantité plus ou moins grande de liquide minéral.

A dose élevée, ce remède agit souvent à la manière des purgatifs, à faible dose il est stimulant et tonique. Certaines idiosyncrasies, quelques états morbides du tube digestif, empêchent qu'on puisse calculer à l'avance les résultats qui seront obtenus.

Un petit nombre de personnes faibles et débiles ne peut boire un ou deux verres de ces eaux sans être purgé, tandis que d'autres individus en avalent deux ou trois litres sans aller à la garde-robe. Souvent, et surtout lorsqu'on fait usage de ces médicaments pour la première fois, six à douze verres suffisent pour déterminer des évacuations nombreuses. Quelle que soit la quantité d'eau ingérée, si le tube digestif reste insensible à son action, l'acide carbonique, les bicarbonates et les hydrochlorates de soude, de fer, de magnésie et de chaux, sont absorbés, passent dans le torrent de la circulation, rendent le sang plus rouge et plus stimulant, et les digestions plus faciles. L'élimination se fait alors par les voies urinaires et rarement par les sueurs. Lorsqu'il en est ainsi, les malades sont souvent constipés.

On voit, d'après cela, que les sources de Royat, de

même que les autres sources thermales de notre département, remplissent au besoin deux indications
très-différentes. Elles peuvent suppléer les purgatifs
salins, et les remèdes toniques et stimulants emprun-
tés au règne minéral.

La température élevée de la buvette permet d'administrer ces eaux dans les catarrhes pulmonaires
chroniques et les gastro-entéralgies rhumatismales.
Mais le praticien ne doit point oublier quelles sont
plus fortement chargées de sel que les eaux du Mont-
d'Or.

Lorsque l'ingestion de ces liquides est suivie de
malaise de soif, d'inappétence, de tension ou de
chaleur dans la région de l'estomac, de nausées ou de
superpurgations fatigantes, on doit en suspendre l'u-
sage. Les boissons émollientes et les bains d'eau
douce calment promptement ces accidents. On doit
défendre les eaux de Royat aux malades sujets aux
hémoptysies, à ceux qui ont des tubercules, des
squirres ou des cancers des organes intérieurs, des
anévrismes du cœur, des gastrites aiguës ou de la
fièvre.

Les buveurs feront bien de prendre ces liquides à
la source. Quand on les transporte au loin, ils perdent une partie de leurs carbonates de chaux, de fer
et de magnésie.

Une excitation ordinairement peu prononcée du
côté de la membrane tégumentaire externe, une aug-

mentation peu sensible de la fréquence du pouls, tels sont les phénomènes qui suivent l'immersion dans les bains de Royat (+ 35°) (1). La céphalalgie qui se montre quelquefois, tient sans doute à l'action de l'acide carbonique, car elle est plus forte à l'approche et pendant les orages. Si l'on frictionne la peau avec la main, les parties frottées deviennent le siége d'une légère cuisson.

On réchauffe une portion de l'eau minérale destinée aux douches, ce qui permet de varier leur degré de chaleur, et de les rendre plus actives que les bains.

Les eaux de Royat, prises en boisson et à dose purgative, peuvent être prescrites dans l'embarras gastrique et bilieux, la pleurésie chronique et apyrétique, et dans quelques autres hydropisies qui ne sont point liées à des altérations organiques incurables.

A dose altérante, elles réussissent dans les scrofules, le rachitisme, la chlorose et les troubles nerveux qui l'accompagnent; dans les catarrhes pulmonaires invétérés, les leucorrhées atoniques, les affections anciennes des voies urinaires, les différents états morbides désignés par les médecins sous les noms de pyrosis, d'eaux chaudes et de gastralgies.

_____

(1) Quelques personnes éprouvent de l'agitation, et ne peuvent dormir, lorsqu'elles ont pris un bain de Royat pendant le cours de la journée.

L'usage des bains chauds et la douche seront utiles aux individus affectés d'engorgements des articulations succédant à des fractures ou des entorses ; à ceux qui seront atteints de rhumatismes subaigus, internes ou externes, musculaires, nerveux ou articulaires. Mais comme la température des bains les plus chauds ne dépasse point 35° centigrades', ils ne peuvent convenir à tous les rhumatisans.

Pour rendre l'emploi des eaux de Royat général, il serait nécessaire :

1°. De détruire les travertins, d'arriver jusqu'à l'arkose et de capter toutes les sources comme on a capté celle des bains ;

2°. De réchauffer une partie de l'eau minérale ;

3°. De conduire dans chaque cabinet de l'eau minérale chaude, de l'eau saline naturelle et de l'eau du ruisseau réchauffée. On pourrait ainsi donner des bains à toutes les températures, et mitiger à volonté l'action quelquefois par trop stimulante du liquide minéral.

2°. Source et établissement du Bain de César.

L'établissement du Bain de César est situé sur la rive gauche de Tiretaine, et au-dessous du lieu improprement désigné sous le nom de Grenier de César (1).

_____

(1) On pense généralement que l'amas de blé brûlé, mêlé de terre et de débris, qui a été désigné par le vulgaire sous le nom de Grenier de César, provient de l'incendie du château de Wai-

Il a sans doute éprouvé les mêmes vicissitudes que les thermes de Royat.

Pendant de longues années la source du moulin des bains est restée enfouie. Quelques particularités devaient cependant engager à faire des recherches. Le plancher de la farinière pourrissait très-vite, et des suintements d'eau minérale se faisaient jour près des roues de l'usine.

En 1822, ces indices engagèrent M. Gerest à entreprendre des fouilles. Elles amenèrent de très-heureux résultats.

A quinze pieds de profondeur, on trouva un puits carré, ayant un mètre de côté, et dans l'un de ses angles une source minérale traversée par un courant d'acide carbonique.

Ce puits était incomplétement recouvert d'une petite voûte qui a été démolie. Parmi les objets décombrés, on remarquait un morceau de marbre gris, de forme carrée, offrant sur l'une de ses faces cinq croix; quatre occupaient les angles de cette pierre, et la cinquième le centre. Ce morceau de marbre était placé au milieu de fragments de briques et de poteries rouges.

---

fre, qui a eu lieu par les ordres de Pepin, vers le milieu du huitième siècle.

A une époque antérieure, l'eau minérale se rendait par deux tuyaux en plomb jusque dans une maison voisine, où se trouvait une piscine dont la largeur est d'environ deux mètres, et la longueur de trois. Aujourd'hui cette piscine est remplie de déblais (1).

Les murs du puits étaient en béton et ses angles en pierre de taille ; ils ont servi de fondement au nouveau réservoir arrondi qui s'élève à plus d'un mètre au-dessus du sol, et dont l'ouverture offre une circonférence de 50 centimètres.

L'établissement se compose d'une seule pièce basse et humide, renfermant la fontaine et huit cabinets munis chacun d'une baignoire en bois. Un filet d'eau minérale renouvelle incessamment l'eau du bain pendant toute sa durée. Un robinet sert de buvette ; une pompe aspirante alimente une douche descendante.

Les Bains de César eurent, durant quelques années, un succès extraordinaire. *Des voitures Omnibus* furent établies et servirent à transporter chaque jour les baigneurs. Plus tard l'enthousiasme s'affaiblit. Cependant quelques habitués reconnaissants continuent encore de les fréquenter. L'eau du puits de César est limpide et incolore ; sa saveur est acidule, alcaline et

---

(1) Ces renseignements nous ont été donnés par M. Gerest frère, qui a dirigé les fouilles.

ferrugineuse. Elle fait monter le thermomètre centigrade à + 32°. Cette source fournit 24 à 25 litres d'eau par minute. Le gaz qui la fait bouillonner est composé en grande partie d'acide carbonique; il ne contient pas de traces sensibles d'hydrogène sulfuré. Le dépôt abandonné par elle est ocreux et calcaire.

L'eau du bain de César, analysée par nous en 1844, nous a donné un résidu salin un peu moins considérable que l'eau de Royat. Voici l'indication des substances qui entrent dans sa composition.

Analyse trouvée.	Gram.	Analyse calculée.	Gram.
Carbonate de soude. . .	0,8100	Bicarbonate de soude. . .	1,1455
Sulfate de soude.	0,1445	Sulfate de soude.	0,1445
Chlorure de sodium. . .	1,5557	Chlorure de sodium. . .	1,5557
— de magnesium.	traces.	— de magnesium.	traces.
Carbonate de magnésie.	0,2200	Bicarbon^te de magnésie.	0,2200
— de fer. . . .	0,0300	— de fer. . . .	0,0415
— de chaux. . .	0,6000	— de chaux. . .	0,8625
Apocrénate de fer.. . .	traces.	Apocrénate de fer.. . .	traces.
Silice.	0,0850	Silice	0,0850
Matière organique . . .	traces.	Matière organique. . .	traces.
Perte	0,1548	Perte	0,1548
TOTAL des sels par litre d'eau. . . .	3,6000	TOTAL des sels par litre d'eau. . . .	4,2095

Effets thérapeutiques.

A faible dose, les eaux de la fontaine de César sont toniques et stimulantes; prises en plus grande quantité, elles purgent un grand nombre de personnes.

« Les médecins de Clermont recommandent l'eau

de Saint-Mart (1) dans la chlorose, la leucorrhée, les engorgements des viscères du bas-ventre, en bains et en douches ; on les dit utiles dans les rhumatismes (2). »

Nous avons prescrit avec succès les eaux et les bains de César aux personnes affectées de gastro-entéralgies simples et rhumatismales, et aux malades lymphatiques, scrofuleux et rachitiques.

Les bains sont trop froids pour convenir aux personnes affectées de rhumatismes des nerfs ou des articulations.

B. *Sources de la commune de Chamalières.*

1°. Source de Saint-Mart (3).

Elle sort, comme l'annonce Legrand-d'Aussy, entre les deux divisions de la petite rivière de Tiretaine, au milieu d'un jardin appartenant au propriétaire du moulin et de la chapelle de Saint-Mart. L'établissement thermal qui recevait ses eaux, se composait autrefois de cinq cabinets et de cinq ves-

---

(1) Chevalier, Boutron-Charlard et Patissier désignent sous ce nom l'eau du Bain de César.

(2) Patissier et Boutron-Charlard, Manuel des eaux minérales. Chevalier, journal de chimie médicale, an. 1832.

(3) La chapelle qui a donné son nom à cette fontaine a été bâtie au sixième siècle, par saint Mart, *sanctus Martius*, de l'ordre de Saint-Benoît, qui y mourut et y fut inhumé. Plusieurs auteurs ont écrit Saint-Marc ou Saint-Mar, au lieu de Saint-Mart.

tiaires. On ignore à quelle époque il a été bâti ; mais il a été restauré et livré au public après la révolution de 1793. Un certain nombre de malades l'a fréquenté jusqu'en 1822. Négligé pendant les années suivantes, il a été abandonné en 1828.

L'inondation de 1835 l'a presque entièrement détruit. Un cabinet et un vestiaire sont seuls restés debout. Le cabinet est situé près du ruisseau. Une petite fenêtre s'ouvrant du côté de l'ouest, sert à l'éclairer. L'entrée du vestiaire est du côté de la cour ; on y descend par un escalier très-étroit.

L'eau minérale, après avoir cheminé dans un canal couvert, se mêle aux eaux douces de Tiretaine, un peu au-dessus des ruines dont nous venons de parler.

Les propriétés physiques de l'eau de Saint-Mart, diffèrent très-peu de celles des fontaines de Royat. Sa température est de + 31° centigrades ; elle fournit environ quinze litres d'eau à la minute. Son dépôt est rouge-oranger et peu consistant.

Vauquelin en a fait une analyse que nous ne reproduirons point, parce qu'elle a déjà été publiée dans le Recueil de l'Académie (1).

Voici le résultat des expériences auxquelles nous nous sommes livré en 1844 :

---

(1) Annales d'Auvergne, 1844, page 96.

Analyse trouvée.	Gram.	Analyse calculée.	Gram.
Carbonate de soude. . .	0,8350	Bicarbonate de soude. . .	1,1808
Sulfate de soude.	0,2200	Sulfate de soude.	0,2200
Chlorure de sodium. . .	1,7400	Chlorure de sodium. . .	1,7400
— de magnesium	traces	— de magnesium	traces
Carbonate de magnésie.	0,2800	Bicarbon^{te} de magnésie.	0,4237
— de fer	0,0340	— de fer. . . .	0,0471
— de chaux. . .	0,7000	— de chaux. . . .	1,0059
Apocrénate de fer. . . .	traces	Apocrénate de fer. . . .	traces
Matière organique . . .	traces	Matière organique . . .	traces.
Silice.	0,0750	Silice.	0,0750
Perte	0,2660	Perte	0,2660
TOTAL des sels par litre d'eau. . . .	4,1500	TOTAL des sels par litre d'eau. . . .	4,9585

Cette source est dédaignée de nos jours; ses propriétés médicinales sont les mêmes que celles des eaux de Royat et du Bain de César.

2°. Source des Roches ou de Beaurepaire.

Cette fontaine minérale citée par Duclos et Chomel, est placée sur le territoire des Roches, au sud et à une très-petite distance du moulin de Beaurepaire. Lorsque nous l'avons visitée pour la première fois en 1839, elle s'échappait au milieu des jardins, où un creux de quatre à cinq mètres de circonférence recevait ses eaux. Un sédiment ferrugineux peu consistant tapissait les parois de ce bassin.

En 1843, une maison a été bâtie au-dessus de cette fontaine, des fouilles bien dirigées ont permis d'atteindre le terrain tertiaire sur lequel sont appuyés

La vita et metamorfoseo d'Ovidio
figurata et abbreviata in forma d'epigrammi
da M. Gabriello Symeoni, con altre
Stanze sopra gli effetti della luna: il
ritratto d'una fontana d'Overnia et un'
apologia generale nella fine del libro.
A Lione, per Giovanni di Tornes 1559
in 8°, avec 176 figures gravées sur bois par
Bernard Salomon, dit le Petit Bernard, et des
encadrements variés à chaque page dont
quelques unes aux érotiques rappellent les figures
des forges de Pantagruel.

à la tecte des métamorphoses se trouvent les
3 opuscules de Simeoni indiqués sur le titre,
On remarque dans le second une charmante
représentation de la fontaine de Royat en
Auvergne.

Le même libraire a publié en 1587 une
traduction de ce même ouvrage in 8° fig.
dans le [...] encadr.

=

les fondements d'un puits s'élevant à soixante centimètres au-dessus du sol (1).

Un réservoir servant à alimenter les buvettes, communique par des tuyaux avec le puits. On peut recouvrir
à volonté ce dernier, d'un chapiteau métallique, et
l'acide carbonique, recueilli à l'aide de cet appareil,
sert à préparer des eaux de Seltz artificielles et des li-
monades gazeuses.

L'eau des Roches est limpide et incolore. Sa saveur est légèrement salée et surtout acidule et ferrugineuse. Elle fait monter le thermomètre centigrade
à + 19°,5. La quantité d'eau qu'elle fournit par
minute est de 20 à 22 litres.

Nous avons fait l'analyse de cette source, en 1845 ;
nous avons agi sur une très-petite quantité de liquide.

Analyse trouvée.	Gram.	Analyse calculée.	Gram.
Carbonate de soude. . .	0,4100	Bicarbonate de soude. .	0,5798
Sulfate de soude	0,0890	Sulfate de soude	0,0890
Chlorure de sodium. . .	1,3150	Chlorure de sodium. . .	1,3150
Carbonate de magnésie.	0,1500	Bicarbon^te de magnésie.	0,2275
— de fer. . . .	0,0280	— de fer. . . .	0,0388
— de chaux. . .	0,4050	— de chaux. . .	0,5820
Silice	0,0700	Silice	0,0700
Apocrénate de fer. . . .	traces.	Apocrénate de fer. . . .	traces.
Matière organique . . .	traces.	Matière organique . . .	traces.
Perte	0,0930	Perte	0,0930
TOTAL des sels par litre d'eau. . . .	2,5600	TOTAL des sels par litre d'eau. . . .	2,9951

(1) On n'a découvert aucune trace de constructions anciennes
autour de cette source minérale.

Les eaux des Roches sont ferrugineuses et exci-
tantes. Quelques malades les préfèrent à celles de
Jaude, parce qu'étant plus froides et mieux aména-
gées, elles sont plus gazeuses.

Elles conviennent dans la convalescence des gastro-
entérites simples, lorsque les digestions sont lentes et
pénibles. On les prescrit également aux malades affectés de pâles couleurs, d'anémie, de phlegmasies
chroniques des muqueuses génito-urinaires.

Elles se prennent le matin à la dose de quatre à six
verres. On peut en boire aux repas lorsqu'elles sont
bien digérées.

SAGNETAT, voyez JOB.

SAINT-ALYRE, voyez CLERMONT.

SAINT-AMANT-ROCHE-SAVINE.

Trois sources peu abondantes appartiennent à cette
commune. Elles sortent des fentes des terrains cristallisés.

La première source est au milieu des prairies, au
sud-ouest et très-près du bourg de Saint-Amant.
Elle s'échappe d'un tuyau en terre rouge. Elle laisse
déposer sur son trajet une certaine quantité de carbonate de fer. Sa saveur est acidule. Elle est froide
et ne paraît point contenir des traces sensibles de sels
alcalins ou calcaires. Elle est fréquentée, au printemps,
par un petit nombre de buveurs.

La seconde, celle de Chennailles, vient sourdre également dans un pré. Elle est froide, acidule et abondante. Elle n'abandonne aucun dépôt calcaire ou ferrugineux. De la matière organique nage à la surface du petit ruisseau qui reçoit ses eaux.

La source de la Fayolle est au bord d'un chemin vicinal et très-près du hameau qui porte le même nom. Une cavité entourée de gazon la reçoit, un peu de matière organique nage à sa surface. Sa température est de + 8°. L'eau de cette fontaine est limpide, très-acidule, mais elle ne contient, en quantité pondérable, aucun autre principe minéralisateur que l'acide carbonique, dont le courant la fait continuellement bouillonner.

Les paysans des environs prétendent que cette eau ne peut leur faire aucun mal, même lorsqu'ils sont en sueur; aussi en abusent-ils souvent pendant les chaleurs de l'été.

SAINT-DIÉRY.

Une source minérale, placée en face du Moulin-Neuf et sur les bords de la couze d'Issoire, est indiquée sur la carte de Desmaretz. Nous présumons que c'est la même fontaine qui a été désignée par les auteurs sous les noms de source de Coteuge et de source de Lains. Elle est froide, acidule et ferrugineuse, et appartient à la commune de St-Diéry. Quelques paysans la fréquentent pendant la belle saison.

15

Saint-Donat.

La commune de Saint-Donat possède une fontaine minérale, protégée par une petite voûte. Elle vient sourdre près du hameau du Sac (1). Les habitants du pays lui attribuent une foule de propriétés médicinales (2).

Sainte-Claire, voyez Clermont.

Sainte-Marguerite, voyez Mont-d'Or, Martres-de-Veyre, Vernet.

Saint-Floret.

Quand on est arrivé à Saint-Floret, si l'on remonte le ruisseau en suivant sa rive droite, on parvient bientôt à la vieille tour de Rambaud. Au pied de cette tour sont placés des travertins sur lesquels s'épanchent les eaux de deux fontaines incrustantes, marquant $+15°, 50$ à $+16°$. (Lecoq.) Buc'Hoz a signalé dans son ouvrage la forme singulière de ces travertins et les efflorescences salines dont ils se recouvrent.

La saveur de ces eaux est peu agréable, acidule, légèrement saline et ferrugineuse. Leur dépôt est principalement formé de carbonates de chaux et de fer.

_____

(1) Lettre du maire de Saint-Donat, adressée à M. le préfet, vers le milieu de novembre 1845.

(2) Pièces d'expertise du cadastre.

Saint-Georges-des-Monts.

M. Raynard, médecin à Pontgibaud, a vu, près de Saint-Georges-des-Monts, une source minérale acidule, légèrement saline et ferrugineuse, qui porte le nom de fontaine de Bourdelles. Elle est au sud-est et non loin du chef-lieu de la commune.

Une seconde source, semblable à la précédente, vient sourdre, à ce qu'il paraît, très-près du village de Champelbost.

Saint-Hippolyte ou Saint-Jean-d'en-Haut.

Deux fontaines minérales jaillissent au-dessus du village d'Enval, sur la rive droite du ruisseau d'Embène qui arrose les communes de Charbonnières-les-Varennes et de Saint-Jean-d'en-Haut. La vallée où elles viennent sourdre est fermée, à sa partie supérieure, par une enceinte de rochers escarpés et arides d'où s'élance une belle cascade. Ce site, qui est très-pittoresque, porte le nom de *Bout du Monde*. Il a été bien décrit dans les Annales d'Auvergne par M. H. Lecoq.

La source acidule la plus élevée fait monter le thermomètre centigrade à + 13° ou 13°,5.

La source inférieure est enfermée dans une petite cabane en maçonnerie. Elle est abondante, limpide, acidule, peu saline et très-ferrugineuse. Sa température est de + 18°.

Son analyse nous a fourni les données suivantes :

Analyse trouvée (1).	Gram.	Analyse calculée.	Gram.
Carbonate de soude. . .	0,0488	Bicarbonate de soude. .	0,0682
Sulfate de soude	0,0782	Sulfate de soude.	0,0782
Chlorure de sodium. . .	0,0900	Chlorure de sodium. . .	0,0900
Carbonate de magnésie.	0,1800	Bicarbon^{te} de magnésie.	0,2730
— de fer	0,0250	— de fer	0,0346
— de chaux. . .	0,5100	— de chaux. . .	0,7329
Silice	0,0550	Silice	0,0550
Matière organique . . .	traces.	Matière organique. . .	traces.
Perte . . , ...	0,0530	Perte	0,0530
TOTAL des sels par litre d'eau. . . .	1,0400	TOTAL des sels par litre d'eau. . . .	1,3849

Les eaux minérales d'Enval sont très en vogue dans le canton de Riom. On les ordonne aux personnes affectées de chlorose, de dyspepsie, de gastralgie et de gastrite chronique. Elles conviennent aussi dans les inflammations subaiguës et invétérées de la muqueuse génito-urinaire.

SAINT-MAURICE, voyez MARTRES-DE-VEYRE.

SAINT-MYON.

Les eaux de Saint-Myon ont commencé à être prescrites par les médecins, vers le commencement du dix-septième siècle (1). Hoffmann en a parlé dans ses

---

(1) Nous n'avons fait cette analyse qu'une seule fois; nous n'osons point garantir l'exactitude de nos résultats.

(2) Jean Banc.

ouvrages, et Colbert les a rendues célèbres par la confiance qu'il avait en elles (1). Jean Banc nous assure
qu'elles ressemblent pour le goût et les propriétés à
celles de Pougues. En réalité, elles se rapprochent
plus que ces dernières des eaux de Vichy. Les médecins de Mazarin les ont prescrites à ce cardinal pour
combattre la goutte qui le tourmentait (2).

Duclos, de l'Académie des sciences, et Dufour,
médecin-intendant, ont étudié sa composition, et
Costet, apothicaire à Paris, en a laissé une analyse
fort imparfaite. (Raulin.)

On trouve à Saint-Myon deux sources minérales.
La plus abondante est située sur la rive droite de la
Morge, au nord-est et à une petite distance du village.
Un puits creusé dans le roc reçoit ses eaux. Ce puits,
qui est à plusieurs mètres au-dessus de la rivière, est
enfermé dans une maisonnette appartenant, ainsi que
la source, à M. Désaix.

L'eau de cette fontaine est peu abondante, limpide et très-gazeuse. Sa saveur est aigrelette, alcaline et surtout très-ferrugineuse (3). Sa température
est de $+14°$. Des bulles nombreuses d'acide carbonique la traversent quand le puits est plein; lors-

_____

(1) Raulin.
(2) Guy-Patin, tome 2, page 148. La Haye, 1707.
(3) Les pigeons recherchent avec avidité les grains de sables
qui ont été mouillés par cette eau minérale. (H. Lecoq.)

qu'il a été vidé, le dégagement de gaz produit une espèce de roulement semblable à celui que fait entendre l'une des sources de la commune des Martres-de-Veyre.

Chaque litre d'eau de Saint-Myon contient les substances suivantes.

Analyse trouvée.	Gram.	Analyse calculée.	Gram.
Carbonate de soude. . .	1,4954	Bicarbonate de soude. .	2,1151
Sulfate de soude.. . . .	0,1845	Sulfate de soude.. . . .	0,1845
Chlorure de sodium. . .	0,4095	Chlorure de sodium. . .	0,4095
Carbonate de magnésie.	0,1800	Bicarbon^te de magnésie.	0,2730
— de fer	0,0550	— de fer. . . .	0,0762
— de chaux. . .	0,5850	— de chaux.. .	0,8406
Silice	0,0500	Silice	0,0500
Matière organique . . .	traces.	Matière organique . . .	traces.
Perte	0,0906	Perte	0,0906
TOTAL des sels par litre d'eau. . . .	3,0500	TOTAL des sels par litre d'eau. . . .	4,0395

Le gentil-homme d'Ailly est la première personne qui a commencé la réputation des eaux de Saint-Myon. Bien avant 1605, Guillouët, receveur des tailles à Gannat, atteint d'*vne fascheuse néphritique qui luy estoit occasionnée par la présence du calcul dans les roignons*, s'est parfaitement bien trouvé de leur usage. Il en est de même de M. Brauars, *fort aduisé et braue gentil-homme*. Il étoit en proie à *vne fort grande difficulté d'vriner, avec vne fascheuse douleur*. (Jean Banc.)

L'eau minérale qui nous occupe, est prescrite, par

Raulin, aux personnes affectées de maladies de langueur, de cacochymies, de cathexies, de *métrorrhagies;*
de flueurs blanches, d'hémorroïdes excessives et de
gonorrhées. Elles facilitent les digestions des femmes
grosses et des nourrices; et rendent moins fréquentes
les coliques des nourrissons, les tranchées et les mou-
vements spasmodiques. Elles préservent de la goutte,
des affections graveleuses et calculeuses. Coupées avec
du lait, elles sont utiles dans les affections nerveuses
et cutanées. (Raulin.)

On peut aussi les donner avec avantage aux personnes affectées d'engorgements de la rate et de fièvres
intermittentes rebelles au quina, et à celles dont les
digestions sont lentes et pénibles; elles sont surtout
très-efficaces dans la chlorose et l'anémie.

La seconde source est à cinquante pas au-dessous
de la première, dans le lit de la Morge. (Jean Banc.)

SAINT-NECTAIRE.

La commune de Saint-Nectaire se fait remarquer
par l'aspect sauvage de ses points de vue, par l'aridité
de ses montagnes et par les dépôts abondants de calcaires travertins qui cachent, en partie, les flancs de
ses coteaux. Les pentes les moins rapides sont couvertes
de céréales, et les bas-fonds présentent des arbres
aux feuillages variés, et de belles prairies dont la fraî-
che verdure contraste avec la stérilité des lieux élevés.

Parmi les sites et les objets curieux, nous devons

citer l'église et les ruines du vieux château de Saint-Nectaire ; les grottes et les galeries du Mont-Cornador ; les cascades de Lagrange, de Saillans et de Verrières ; le château de Murol, le lac Chambon et les cabanes à incrustations.

Les sources minérales sortent des fentes du granit. Elles sont si nombreuses qu'il est impossible d'en faire l'énumération complète ; nous en avons visité quarante-deux, et nous ne les avons point vues toutes. Leur température varie entre -+- 18 et -+- 44° centigrades.

Afin d'exposer avec un certain ordre les observations recueillies par nous le 1er septembre 1844, nous allons indiquer succinctement la disposition des lieux (1). La petite rivière du Courançon prend naissance sur les pentes orientales des monts d'Or ; elle passe entre les communes de Murol et du Vernet, et s'enfonce bientôt au milieu d'une gorge étroite creusée entre la montagne de Mourgues et le Mont-Cornador. Pendant la première partie de son trajet, elle court de l'ouest-nord-ouest vers l'est-sud-est.

A. Au-delà du point qui correspond au sommet des deux dernières montagnes, elle se dévie et marche vers l'ouest.

---

(1) M. Serre, qui connaît parfaitement la commune de Saint-Nectaire, a bien voulu nous servir de guide pendant notre excursion.

B. Au moment où elle va contourner le monticule de l'église, cette couze reçoit un petit torrent dont la vallée se prolonge, à une certaine distance, entre Saint-Nectaire-d'en-Haut et le Mont-Cornador.

C. Après sa jonction avec ce torrent, elle change de direction et se porte vers le sud.

D. Elle cotoie ensuite le bord méridional d'une prairie, et plus loin son côté oriental.

E. Arrivée au pont, elle décrit quelques courbes peu prononcées, traverse Saint-Nectaire-d'en-Bas, et rejoint la couze de Chambon.

La partie de la vallée, comprise entre Saint-Nectaire haut et bas, est très-pittoresque. A l'ouest s'élève un monticule couronné par les ruines d'un château féodal et par une vieille église; sur un second plan apparaissent les grottes et le chapeau basaltique de Châteauneuf; au nord, des collines fort inclinées (les côtes) conduisent au puy de Mazeyres; tandis qu'au sud on aperçoit le puy d'Éraigne dont le terrain primitif forme la base, et un faisceau de prismes d'origine volcanique le sommet. Des pâturages, des gazons et des bois de pins couvrent, en partie, les flancs de cette montagne. Plus bas, la prairie étale son beau tapis vert, et une allée de saules accompagne le ruisseau.

Etudions maintenant les fontaines minérales appartenant à chacune des divisions que nous venons d'établir.

A. *Partie de la vallée comprise entre la montagne de Mourgues et le Mont-Cornador.*

Des sources nombreuses et de beaux travertins blancs existent sur les bords de la petite couze; plusieurs de ces sources pourraient être exploitées avec avantage; nous allons signaler les plus importantes (1).

1°. Rive droite, 2 sources marquent ⊹ 27° à 27°,5

2°. Rive gauche, petite fontaine à.. ⊹ 24°

3°. Rive droite, *idem*.......... ⊹ 18°

4°. Rive gauche, *idem*........ ⊹ 21°

5°. Rive gauche, un peu au-dessus d'une cabane couverte à paille, source saline et froide.

6°. Entre la cabane et la maison de M. Serre, source froide que l'on se propose de conduire dans les galeries du Mont-Cornador.

7°. Sur la rive droite, près du tertre de la Croix-de-Bois, on trouve deux sources; la plus élevée est mêlée d'eau douce, l'autre fait monter le thermomètre à ⊹ 23°.

B. *Gorge du torrent du Mont-Cornador.*

1°. Etablissement du Mont-Cornador.

---

(1) Nous supposons dans l'énumération qui va suivre que l'observateur suit le cours du ruisseau.

Cet établissement est situé au nord-ouest de l'église de St-Nectaire, au nord et très-près d'un colombier.

Il se compose d'une grande salle voûtée et fermée par une grille en fer. De chaque côté et au fond de cette salle, viennent s'ouvrir onze cabinets de maître et un petit appartement où sont renfermées quatre baignoires destinées aux indigents. Cinq cabinets sont munis de douches descendantes. Les baignoires sont en pierre.

Le réservoir des sources est au premier étage. On voit, à côté de lui, un bac où l'on donne des pédiluves. La plus importante des deux fontaines fait monter le thermomètre centigrade à $+ 40°$. Elle fournit environ cinquante-deux litres d'eau à la minute. La petite source est peu abondante. Un courant d'acide carbonique les traverse et les fait bouillonner.

En dehors de l'établissement, deux filets d'eau se font jour dans une excavation légère placée à quelques pas de la grille en fer.

2°. Entre Saint-Nectaire-d'en-Haut et les galeries du Mont-Cornador, un peu au-dessus de l'hôtel Mandon, et sur la rive opposée du torrent, coule une petite source minérale froide, au-dessous de laquelle était placé autrefois un petit bac en pierre qui la recevait; aujourd'hui, elle est mêlée d'eau pluviale et n'est plus utilisée.

3°. Galeries du Mont-Cornador.

Au pied du Mont-Cornador et derrière l'hôtel Mandon, on a découvert, en 1824 ou 1825, une galerie fort ancienne où se rendent deux sources acidules et calcaires. Elles servent à préparer des incrustations ; quelques cuves rondes et plusieurs baignoires en béton occupent l'entrée de cette galerie ; elles sont en partie engagées sous des brèches à ciment d'aragonite, dont les cavités sont pleines de stalactites.

C. Source de Pierre Serre.

A l'endroit où le Courançon contourne le monticule de l'église, une fontaine minérale s'échappe à mi-côte ; sa température est de +18°. Ses dépôts sont très-blancs.

D. Partie de la vallée comprise entre Saint-Nectaire-d'en-Haut et le pont.

a. Rive droite.

1°. Plusieurs sources naissent au milieu des champs, à une certaine distance du ruisseau ; elles sont froides ou tièdes.

2°. Source du Sey.

Entre les angles sud-est et sud-ouest de la prairie, et à une certaine hauteur au-dessus du ruisseau, on observe une source abondante faisant monter le thermomètre centigrade à +32°. Elle porte le nom de source du Sey. Il paraît qu'elle a perdu de sa chaleur ; car, en 1821, après les fouilles entreprises sous la direction de M. Ledru, elle marquait +36°. Elle donne, d'après M. Serre, 50 litres d'eau à la minute.

3°. Vers l'extrémité sud-est de la prairie, un petit

cours d'eau, venant du midi, se réunit au Courançon ; des travertins fort étendus recouvrant des suintements d'eau minéralisée, se remarquent sur sa rive gauche.

4°. Immédiatement au-dessous de cet endroit, une petite fontaine acidule, saline et ferrugineuse, sort au milieu de la prairie. Elle était très-fréquentée autrefois. Les buveurs lui préfèrent aujourd'hui la source Rouge.

5°. La source du Gravier est tout près de là, dans le lit du ruisseau. Elle fait monter le thermomètre centigrade à + 25°.

6°. Trois fontaines jaillissent en face sur la rive droite de la couze. L'une d'elles alimente un routoir, une autre est entourée des débris d'un monument antique. (Ledru.)

b. Rive gauche, territoire des Côtes.

Au nord de la prairie, et au-dessus du chemin qui conduit de Saint-Nectaire-Haut à Saint-Nectaire-Bas, les collines *des Côtes* présentent de nombreuses formations de calcaires incrustants et des sources minérales plus nombreuses encore.

Parmi ces dernières nous devons signaler :

1°. La source de Mandon cadet. Elle s'échappe d'une excavation creusée aux dépens du roc vif; sa température est de + 21°.

En marchant vers le nord on observe :

2°. Une petite fontaine au bord du chemin; elle marque + 21°.

3°. Deux autres filets, à -+- 18° et 21°.

4°. Une autre source, à -+- 27°.

5°. Sources Serre.

Elles viennent sourdre à plusieurs mètres au-dessus du niveau du chemin, et à cent pas environ à l'ouest du pont.

Elles étaient réduites à l'état de suintements ou de minces filets tièdes, lorsque M. Serre a entrepris, en 1844, des fouilles qui ont amené les plus heureux résultats. Après avoir détruit les sédiments calcaires, cet infatigable industriel a pénétré dans le terrain primitif. Une galerie a été creusée à l'aide du pic et de la mine, et l'on est parvenu à l'endroit où trois sources minérales, au lieu de cheminer horizontalement, s'enfoncent très-obliquement dans le sol.

La première est à droite; sa température est de -+- 32°.

La seconde est au milieu, c'est la plus abondante; elle marque -+- 40°.

La troisième fournit un peu moins d'eau, mais elle est à -+- 44°.

Toutes ces sources sont traversées par des courants d'acide carbonique. Leur saveur et leurs qualités physiques rappellent celles des eaux de l'établissement du sieur Boëte.

E. *Sources de Saint-Nectaire-d'en-Bas.*

1°. Deuxième source du chemin.

Elle sort à mi-côte des fentes du granit, à droite et à plusieurs mètres au-dessus du chemin. Sa température est de $+ 21°$.

2°. Première source du chemin, source Rouge, source Canard.

Elle est à soixante pas au-dessous de la précédente. Ses eaux partent d'un bac couvert d'une petite voûte et se rendent, par des rigoles couvertes, à une cabane où l'on prépare des incrustations. Des bulles nombreuses d'acide carbonique la traversent, et comme elle est très-acidule, le gaz méphitique se dégage en grande quantité quand on projette une poignée de sable dans l'eau minérale. La température de cette source est de $+ 22°$.

3°. Etablissement thermal du sieur Boëte. Sources du Rocher. Deux fontaines appartiennent à M. Boëte; elles se font jour à plusieurs mètres au-dessus du Courançon et sur sa rive gauche.

La première fournit 30 litres d'eau à la minute, et fait monter le thermomètre à $+ 40°$.

La seconde donne 22 litres à la minute. Elle marque $+ 44°$.

Ces eaux sont continuellement soulevées par des dégagements d'acide carbonique.

L'établissement se compose de deux étages. L'étage supérieur présente une buvette et quatre cabinets munis de baignoires et de douches descendantes.

L'étage inférieur renferme neuf baignoires et cinq

douches. Les baignoires sont en béton; les cabinets auraient besoin d'être réparés.

Lorsque la saison des eaux est passée, l'une de ces sources sert à préparer des incrustations et des médailles.

4°. Etablissement Chandèze, source Pauline.

A une petite distance des Bains Boëte et sur la même rive, s'élève une maisonnette où l'on trouve trois baignoires et une source minérale marquant + 32°.

Derrière cette maisonnette on remarque une autre fontaine ferrugineuse, dont la température est de + 27°. La première de ces sources porte le nom de source Pauline; elle appartient au sieur Chandèze.

5°. Etablissement Mandon. Source de la Voûte, Gros-Bouillon, Vieille Source (rive droite du Courançon.)

Des fouilles récentes ont réuni en une seule fontaine la Vieille Source et la fontaine du Gros-Bouillon. Ses eaux font monter le thermomètre centigrade à + 37°,2, et leur quantité est de 50 litres à la minute.

Un peu au-dessus et derrière l'hôtel, jaillit la petite source de la Voûte. Sa température est de + 24°, et son volume moitié moins considérable que celui des deux autres sources (1).

L'établissement se compose d'une grande salle

---

(1) A quelques mètres au-dessous de la fontaine de la Voûte, on voit un reste de baignoire en bois de chêne qui paraît fort ancien.

occupant le rez-de-chaussée, et autour de laquelle huit cabinets à une seule baignoire, et deux cabinets à deux baignoires, sont rangés en demi-cercle. Chaque cabinet renferme une douche descendante. Les baignoires sont en béton.

HISTORIQUE. — Disons maintenant un mot des faits historiques qui se rattachent aux sources minérales de la commune de Saint-Nectaire; ils sont extraits, en partie, des rapports adressés à M. le préfet en 1817, 1821 et 1828 (1).

M. Ledru pense que les eaux de Saint-Nectaire ont été connues des Gaulois. La présence d'un autel celtique ou druidique, placé au voisinage de l'établissement Boëte suffit, à ses yeux, pour justifier cette assertion.

Cet architecte, en poursuivant la source de la Côte ou du Sey, a trouvé au milieu d'un terrain d'alluvion, les décombres d'une ancienne construction, desquels on a retiré des tuiles qu'il croit être d'origine romaine, et des fragments de vases antiques : d'où il conclut que les Romains ont fréquenté les eaux de cette localité. Les hypothèses de M. Ledru sont d'autant plus rationnelles, que ces ruines étaient très-rapprochées d'une ancienne voie romaine.

Le même observateur nous apprend que des restes

_____

(1) Pièces de la préfecture.

d'établissement romain ont été également trouvés au-dessous de l'établissement Mandon (1).

A quelle époque doit-on faire remonter les bassins ronds et quadrangulaires en béton rencontrés dans les galeries placées à la base du Mont-Cornador, quelle a été leur destination? Les uns veulent qu'ils aient appartenu à un atelier de teinture; d'autres, qu'ils aient fait partie d'un établissement thermal. On a répondu à ces derniers que les Romains préféraient les grandes piscines aux baignoires. (Bertrand.) Il résulte de ces faits que l'origine et l'usage primitif de ces constructions sont fort douteux. Mais la nature du béton qui entre dans leur composition, le volume et l'étendue des brèches qui les recouvrent, doivent faire supposer qu'elles sont très-anciennes. Quoi qu'il en soit, voici la description que MM. Lavort, Lecoq et M. Bertrand ont faite de ces bassins.

« Les fouilles ont mis à nu une quarantaine d'auges en maçonnerie bâties sur un plan incliné, les unes circulaires, les autres rectangulaires. Les premières, plus nombreuses, ont la forme d'un chaudron. Leur profondeur est d'un mètre, leur largeur de douze décimètres. Les secondes sont moins profondes, leur longueur est de neuf à treize décimètres, et leur largeur de cinq à huit. Elles ressemblent à des baignoires.

---

(1) Rapport de 1821.

» Ces auges sont rangées six par six, et présentent des compartiments symétriques entre lesquels on peut circuler. Chaque compartiment résulte de l'assemblage de quatre auges rondes et de deux auges rectangulaires. Toutes sont revêtues à l'intérieur d'une couche épaisse de ciment rougeâtre.

» Une partie de ces auges se trouve dans une grotte taillée dans la roche du Mont-Cornador, l'autre dans une espèce de roche (1) qui est adossée contre la montagne. Il n'existe aucun vestige de voûte (2). »

Pendant bien des siècles les historiens et les voyageurs ont cessé de parler des eaux de Saint-Nectaire. Mais, en 1675, Duclos les cite dans ses observations, et plus tard Chomel en dit quelques mots. Il parle, entre autres choses, d'une plante maritime qui croît au bord de la fontaine de Saint-Nectaire. « Ce qui m'a paru remarquable, dit cet auteur, c'est que la terre des environs de cette source est couverte d'une petite plante qui vient ordinairement aux bords de la mer en Irlande et dans les marais salez, suivant le rapport de Jean Bauhin :.... je ne l'ai trouvée que dans ce seul endroit (3). »

---

(1) Cette roche est une brèche composée de blocs volumineux réunis par un ciment d'aragonite.

(2) Rapport fait en 1828.

(3) Traité des eaux de Vichy, etc., page 335, 1734. Clermont-Ferrand.

Les eaux de cette localité ont également fixé l'attention de Legrand-d'Aussy. « Il y a, écrit ce voyageur, deux sources situées dans un vallon, à un quart de lieue du bourg, et toutes deux sont thermales. Essayées au thermomètre, le 4 septembre, à cinq heures du soir, elles marquèrent, l'une 19° de chaleur, l'autre 26°; et l'air extérieur en donnait 13°. Comme, depuis quelques temps, elles *commencent à être connues*, on les a enfermées chacune sous un bâtiment; mais tant qu'il n'y aura ni chemin pour y parvenir, ni logements pour les malades, il ne faut point espérer d'y voir des bains (1). »

Il paraît qu'en 1788 on connaissait seulement la vieille source et la fontaine de la Voûte. La découverte du Gros-Bouillon date de 1812 (2). On l'a trouvé en creusant une cave.

Disons maintenant quel était l'état des lieux en 1817.

1°. La source de la Voûte est protégée par un petit bâtiment qui tombe en ruines. L'eau minérale est reçue dans une auge circulaire de granit. Elle est très-peu abondante. Avant 1812 elle était très-fréquentée; depuis, on l'a abandonnée pour aller puiser à la source Rouge. Des fouilles récentes ont augmenté son volume.

(1) Tome 2, page 282.
(2) Rapport de 1817. Pièces de la préfecture.

2°. Un bâtiment irrégulier et fort sale, renferme la vieille Source et la fontaine du Gros-Bouillon. Le service des bains se fait dans deux piscines ; un petit bac sert de buvette.

La salle où sont enfermés le grand bain et la deuxième source, forme avant-corps sur le derrière de la maison. Elle est voûtée et très-basse : l'air et la lumière ne peuvent y pénétrer que par la porte qui s'ouvre du côté du nord. L'un des angles de l'appartement présente un petit bassin en pierre taillée grossièrement. Il est alimenté par une belle source jaillissante. Une piscine se trouve à côté ; mais comme le rocher inégal et plein d'aspérités en constitue le fond, les baigneurs y sont fort mal à l'aise. Une douche descendante existe dans le même local.

3°. La vieille Source jaillit au milieu d'une salle très-basse divisée, en deux parties inégales, par une cloison en parpaing ; d'un côté, se voit la fontaine qui est reçue dans un petit bac, et de l'autre une piscine.

Les bâtiments où sont logés les baigneurs, sont mal meublés, mal distribués et mal tenus. Les malades y manquent des choses les plus nécessaires, et couchent sur de mauvais lits ou sur la paille. Les logements en un mot sont aussi sales que l'établissement thermal (1).

---

(1) Rapport de M. Ledru.

En 1819, il n'existe que deux maisons. En 1821, on en compte quatre. C'est à peu près dans le même temps qu'on a découvert les fontaines du Rocher, du Chemin, de la Côte; celles des Graviers et du Tertre qui l'avoisine, et la source Pauline (1).

En 1822, des fouilles sont exécutées au-dessous de la fontaine du Rocher, et l'on découvre deux sources au lieu d'une.

L'une marque $+40°$, et l'autre $+44°$ centigrades. La source du Rocher, qui faisait monter le thermomètre à $+35°$, a disparu.

En 1824, l'établissement Boëte a été construit; plus tard M. Mandon a agrandi et restauré les anciens bains.

Vers 1824 ou 1825, M. Serre explore la base du Mont-Cornador où il trouve les constructions signalées précédemment. En fouillant un peu au-dessus et plus au nord, il rencontre une source abondante. Une société d'actionnaires demande, en 1828, l'autorisation de construire un établissement thermal auprès de cette dernière fontaine. Après un rapport favorable de MM. Lavort, Lecoq et Bertrand, l'administration accorde l'autorisation réclamée. Enfin, en 1841, l'hôtel Mandon est construit au pied du Mont-Cornador. Aujourd'hui les buveurs d'eau sont passable-

(1) Rapport de M. Ledru.

ment nourris et logés; mais les routes sont mauvaises, et les établissements thermaux auraient besoin de réparations et d'embellissements.

Qualités physiques et chimiques des eaux.

Toutes les eaux minérales de Saint-Nectaire sortent du granit ou des travertins et des terrains d'alluvion qui le recouvrent. Toutes sont incolores quand on les recueille à la sortie du rocher; conservées dans des vases découverts, elles ne tardent point à prendre une couleur louche. Arrivées à une petite distance de la source, ces eaux abandonnent un dépôt boueux composé de carbonates de fer et de chaux, et de matière organique; plus loin le carbonate de chaux prédomine de plus en plus, et le sédiment devient dur et blanc, et prend l'aspect fibreux de l'aragonite. Sa surface est brillante et cristalline.

La saveur des eaux de Saint-Nectaire est d'abord acidule, puis elle devient alcaline, salée et un peu ferrugineuse. La matière organique qu'elle tient en dissolution la rend onctueuse au toucher.

La température des sources et leur volume sont très-variables. Les unes sont abondantes et donnent jusqu'à 50 litres d'eau à la minute; les autres sont réduites à l'état de suintement; celles-là font monter le thermomètre à $+ 18°$, celles-ci à $+ 44°$. Le tableau suivant renferme, sur les sources principales, des données qui ne sont point sans intérêt.

NOMS DES SOURCES.	Nombre de litres à la minute.	Températ. centigrade.
Petite source Serre	peu abond.	+ 44°
Petite source Boëte	22	+ 44°
Grande source Serre	abondante.	+ 40°
Grande source Boëte	30	+ 40°
Grande source du Mont-Cornador	52	+ 40°
Gros-Bouillon et Vieille-Source	50	+ 37,2
Source de la Côte ou du Sey	50	+ 32°
— Pauline	?	+ 32°
— de la Voûte	25	+ 24°
— Rouge	22	+ 22°

La pesanteur spécifique des eaux du Mont-Cornador est de 1,001 (Lecoq); celle des sources de Saint-Nectaire-d'en-Bas, est de 1,003.

Les eaux du Gros-Bouillon et de la Vieille-Source ont été étudiées, en 1820, par Berthier et Boullay; les résultats qu'ils ont obtenus sont à peu près identiques.

La grande et la petite source de l'établissement Boëte ont été examinées par MM. Boullay et Henry. Ces analyses ne sont point exactes. Ces chimistes ne signalent nullement la présence du carbonate de chaux dans ces fontaines, et cependant elles sont incrustantes. Enfin, la composition de l'eau minérale du Mont-Cornador a été déterminée par M. H. Lecoq.

Voici le résumé des travaux de MM. Berthier et Lecoq. Nous y avons joint les analyses des sources de Boëte faites par nous en 1844.

Analyse trouvée.	Pᵗᵉ source Boëte.	Gᵈᵉ source Boëte.	Sources Mandon.	Source du Mont-Cornador.
Température.	+ 44°.	+ 40°.	+ 37,2.	+ 40°.
	Grammes.	Grammes.	Grammes	Grammes.
Carbonate de soude . . .	2,1000	2,0700	2,0000	0,9110
Sulfate de soude.	0,1800	0,1810	0,1560	0,1000
Chlorure de sodium . . .	2,5100	2,5150	2,4200	1,3220
Carbonate de magnésie. .	0,2200	0,2010	0,2400	0,0810
— de fer.	0,0300	0,0350	0,0228	0,0070
— de chaux . . .	0,5000	0,4980	0,4400	0,6050
— de strontiane.	traces.	traces.	»	»
Sulfate de chaux.	traces.	traces.	»	»
Alumine	traces.	traces.	»	0,0050
Silice	0,1100	0,1130	0,1000	0,0800
Matière organique. . . .	traces.	traces.	traces.	traces.
Perte	0,1500	0,1670	»	0,0450
TOTAL des sels par litre d'eau. . . .	5,8000	5,7800	5,3788	3,7380
Noms des auteurs de l'analyse. .	**Nivet.**	**Nivet.**	**Berthier**	**Lecoq.**

Les analyses qui précèdent doivent être rectifiées ainsi qu'il suit :

Analyse calculée.	Pᵗᵉ source Boëte.	Gᵈᵉ source Boëte.	Sources Mandon.	Source du Mont-Cornador.
Bicarbonate de soude . . .	2,9699	2,9299	2,8330	1,1790
Sulfate de soude . . .	0,1800	0,1820	0,1560	0,1010
Chlorure de sodium . . .	2,5100	2,5150	2,4200	1,3220
Bicarbonate de magnésie.	0,3337	0,3048	0,3640	0,1230
— de fer	0,0415	0,0480	0,0317	0,0100
— de chaux. . .	0,7190	0,7156	0,6023	0,8670
Sulfate de chaux.	traces.	traces.	»	»
Alumine	traces.	traces.	»	0,0860
Silice.	0,1100	0,1130	0,1000	0,0860
Matière organique. . . .	traces.	traces.	»	traces.
Perte.	0,1500	0,1670	»	0,0450
TOTAL des sels par litre d'eau. . . .	7,0141	6,9753	6,5068	3,8190

Les gaz qui traversent les eaux de Saint-Nectaire-d'en-Bas et du Mont-Cornador, sont en grande partie formés d'acide carbonique. M. Berthier a trouvé dans les premières 0,372 grammes, et M. Lecoq, dans les secondes, 1,490 grammes de ce gaz par litre d'eau minérale.

Ce fluide est mêlé d'une petite quantité d'azote et d'un peu d'hydrogène sulfuré. La présence de ce dernier acide a été constatée dans les sources Mandon par M. Pénissat, dans celles de Boëte par M. Pierre Bertrand, dans celles du Mont-Cornador par M. H. Lecoq.

Ce qu'il y a de certain, c'est que les eaux transportées ne contiennent ni sulfure alcalin, ni acide hydrosulfurique.

Propriétés médicinales.

Les eaux minérales de Saint-Nectaire sont stimulantes, alcalines et ferrugineuses. Elles tiennent, avec les fontaines de la Bourboule, de St-Maurice et de Vichy, le premier rang parmi les sources les plus énergiques des départements de l'Allier et du Puy-de-Dôme.

Elles conviennent surtout aux personnes dont la constitution est molle et scrofuleuse, le tempérament lymphatique et l'estomac peu irritable (1). On les

---

(1) Il s'agit ici des irritations inflammatoires, et nullement des irritations nerveuses; ces dernières ne contre-indiquent point l'usage des eaux minérales alcalines.

prescrit avec succès dans l'aménorrhée, les leucorrhées atoniques, les engorgements de l'utérus, les phlegmasies invétérées de la muqueuse urinaire, les gastroentéralgies non compliquées de gastro-entérite, les engorgements du foie et de la rate, les calculs des reins et de la vessie, la gravelle, la goutte et les fièvres intermittentes rebelles au quinquina.

Les individus qui digèrent mal les liquides froids et tièdes donneront la préférence aux buvettes des établissements thermaux ; les autres et particulièrement les chlorotiques devront boire à la source Rouge.

Prises à la dose de deux à six verres, les eaux de Saint-Nectaire agissent à la manière des remèdes altérants. Mais si l'on en prend dix à quinze verres, elles deviennent purgatives, et elles peuvent alors remplir d'autres indications. A cette dernière dose, on peut les administrer dans les cas d'hydropisies atoniques et d'embarras gastrique.

Les bains tièdes, ou dont la chaleur est modérée, seront ordonnés aux enfants lymphatiques, scrofuleux et rachitiques, aux adultes affectés de gastralgies, de flueurs blanches, de métrite chronique, d'engorgements des articulations, etc.....

Les bains chauds et les douches serviront à combattre les rhumatismes internes et externes, les paralysies nerveuses et rhumatismales.

La présence de l'hydrogène sulfuré a engagé quel-

ques praticiens à les conseiller dans les maladies dartreuses, et les éruptions herpétiques invétérées.

Tel est le résumé fidèle des renseignements puisés
dans les auteurs, ou qui nous ont été communiqués
de vive voix par l'un des médecins inspecteurs de
Saint-Nectaire, M. Vernière, médecin à Issoire (1).

Nous n'avons plus qu'un mot à ajouter pour com-
pléter les documents qui précèdent.

Les eaux du Mont-Cornador possèdent les mêmes
propriétés médicinales que celles de Saint-Nectaire-
d'en-Bas. Elles en diffèrent seulement en ce qu'elles
sont un peu moins actives.

Incrustations.

Les communes de Clermont et de Saint-Nectaire
sont les seules parties du département du Puy-de-
Dôme où l'on prépare des incrustations.

A Saint-Nectaire, toutes les sources contiennent du
carbonate de chaux mêlé d'un peu de carbonate de
strontiane, du carbonate et de l'apocrénate de fer,
du carbonate de magnésie et de la silice. Ces divers
éléments se retrouvent dans les calcaires incrustants
qu'elles abandonnent.

Le carbonate de fer prédomine dans les dépôts les

---

(1) Nous regrettons que ce praticien distingué ne nous ait
point transmis la note manuscrite qu'il nous avait promise.

plus rapprochés de la source, le calcaire et la silice dans ceux qui se forment plus loin (1). Aussi, lorsque l'eau a parcouru un certain trajet, dépose-t-elle des incrustations à peine colorées en jaune pâle. L'absence de la lumière et de l'air diminue également la coloration. Les stalactites des cavités closes sont tout à fait blanches.

Les moules et les bustes, soumis à l'action des eaux, se préparent comme nous l'avons dit en parlant de Saint-Alyre. L'eau doit jaillir sous la forme de gouttelettes, quand on veut obtenir des médailles compactes et solides, et tomber en nappes sur les objets qu'on veut recouvrir d'une enveloppe cristalline.

Si l'on examine les médailles faites à Saint-Nectaire, on remarque que la plupart d'entre elles offrent, dans l'endroit qui est en contact avec le moule, une couche d'un demi-millimètre d'épaisseur qui est compacte, demi-transparente et composée de fibres très-rapprochées et très-fines. Le reste est composé de fibres plus grossières et presque opaques.

La séparation du fer n'ayant point lieu avec la même rapidité pour les diverses fontaines, on est

_____

(1) Dans certaines parties de la vallée de Saint-Nectaire, on trouve des couches isolées d'aragonite et de silice qui sont le produit des eaux minérales; on ne connaît point encore exactement les conditions qui président à la séparation de ces deux corps.

obligé de faire circuler leurs eaux dans des rigoles en bois qui sont couvertes. Mais, en général, le sel martial se dépose plus vite à St-Nectaire qu'à St-Alyre.

Les principales cabanes ou maisons à incrustations de Saint-Nectaire sont alimentées par les sources suivantes :

Sources des galeries du Mont-Cornador ;
—   de la Côte ou du Sey ;
—   de Pierre Serre ;
—   de Mandon cadet ;
—   du Chemin (au nombre de deux) ;
—   du Rocher (s. Boëte) ;
—   petite de Chandèze.

Les produits obtenus à Saint-Nectaire sont plus beaux que ceux de Saint-Alyre, plus beaux même que la médaille qu'on nous a montrée comme venant des bains de Saint-Philippe, en Italie.

Terminons en annonçant que les sources Serre sont destinées provisoirement à la fabrication des médailles.

SAINT-OURS.

La source de la Froude est la seule fontaine minérale que nous connaissions dans les environs du village de Saint-Ours. Elle est située à la partie inférieure d'un bois portant le même nom, au bord d'un petit ruisseau qui se réunit à la Sioule immédiatement au-dessous du village de Peschadoire. Une excavation du roc entourée de gazon reçoit ses eaux, et un taillis fort épais rend sa recherche très-difficile lorsqu'on ne connaît pas les lieux. Elle est abondante, et laisse déposer sur son trajet des carbonates de fer et de chaux. Après trois ou quatre mètres de parcours, elle arrose un massif de travertin qui surplombe le ruisseau le plus voisin. Cette eau minérale est limpide, incolore, abondante; sa saveur est aigrelette, peu saline et légèrement ferrugineuse; elle présente, en un mot, les caractères physiques de l'eau de Château-fort. Un dégagement d'acide carbonique la traverse, et sa température est de -+- 10°,5.

La description suivante, empruntée à Jean Banc, s'applique sans aucun doute à la fontaine de la Froude (1).

« L'autre source est distante pres d'vne lieuë dudit Pontigibaut plus bas que le village de Saint-Ours, dans vn fonds et précipice entre deux montaignes, qui n'ont qu'vn petit ruisseau pour les diuiser. Dans vne fort ombreuse et couuerte cauité de ce lieu-là, se trouue ceste source d'eau extrêmement claire et froide en Esté à l'esgal de la glace mesme. Sa ressource en est fort copieuse et riche; elle bouïllonne perpétuel-lement et faict grand bruict. Elle est aussi fort ai-grette, mais ne laisse aucune fumée derrière.... »

_____

(1) Page 88.

Les paysans boivent cette eau sans consulter les médecins ; ils supposent qu'elle guérit toutes les maladies chroniques. Ses propriétés médicinales sont probablement les mêmes que celles des eaux de Châteaufort.

On remarque, en outre, dans le lit du ruisseau voisin, plusieurs dégagements d'acide carbonique.

Saint-Pierre, voyez Clermont.

Saint-Priest-des-Champs.

MM. Lecoq et Bouillet disent qu'il existe une source minérale dans le hameau de Buffevent, situé au sud-sud-ouest du village de Saint-Priest-des-Champs (1).

Saladi, voyez Martres-de-Veyre.

Salé, voyez Courpière et Vernines-Aurières.

Salins, voyez Clermont.

Saurier.

Il existe près de ce village une source minérale acidule qu'on dit être apéritive (2).

---

(1) Itinéraire du département du Puy-de-Dôme. Clermont-Ferrand, 1831, page 109.

(2) Legrand-d'Aussy et Dictionnaire des communes du département du Puy-de-Dôme.

SAUXILLANGES.

A un kilomètre nord-ouest de Sauxillanges, près du chemin de Flat, on trouve une source minérale acidule et froide, très-connue sous le nom de source de la Reveille. L'eau qu'elle donne est limpide, incolore et aigrelette. Sa saveur est légèrement alcaline. Nous en avons fait l'analyse en 1845, mais comme nous avons agi sur une quantité minime de liquide, nous donnons nos résultats comme étant seulement approximatifs (1).

Analyse trouvée.	Gram.	Analyse calculée.	Gram.
Carbonate de soude. . .	1,4550	Bicarbonate de soude. .	2,0577
Sulfate de soude	0,0200	Sulfate de soude	0,0200
Chlorure de sodium. . .	0,0600	Chlorure de sodium. . .	0,0600
Carbonate de magnésie.	0,0600	Bicarbon^{te} de magnésie.	0,0910
— de fer. . . .	traces?	— de fer. . . .	traces?
— de chaux. . .	0,2400	— de chaux . .	0,3448
Silice	0,0350	Silice	0,0350
Perte	0,1300	Perte	0,1300
TOTAL des sels par litre d'eau. . . .	2,0000	TOTAL des sels par litre d'eau. . . .	2,7385

L'eau de la Reveille étant alcaline et acidule peut convenir aux malades dont les digestions sont lentes et pénibles, aux goutteux, aux calculeux, aux graveleux

---

(1) Cette eau nous a été procurée par l'un de nos clients; nous ne l'avons pas puisée nous-même à la source.

et à ceux qui sont atteints d'engorgements du foie ou de la rate, d'anémie ou de chlorose

TALARU, voyez AMBERT.

TAMBOUR, voyez MONT-D'OR et MARTRES-DE-VEYRE.

TERNANT.

Les sources de Ternant sourdent dans la vallée placée au-dessous du village du même nom. Le filet le plus abondant fournit une eau froide, acidule, limpide et incolore, et qui mousse même après un mois de conservation en vases clos.

Voici l'analyse approximative que nous en avons faite en 1845 (1).

Analyse trouvée.	Gram.	Analyse calculée.	Gram.
Carbonate de soude. . .	1,0600	Bicarbonate de soude. .	1,4990
Sulfate de soude	0,0600	Sulfate de soude	0,0600
Chlorure de sodium. . .	0,7560	Chlorure de sodium. . .	0,7560
Carbonate de magnésie.	0,2000	Bicarbonte de magnésie.	0,3035
— de fer. . . .	0,0340	— de fer. . . .	0,0471
— de chaux. .	0,4616	— de chaux. . .	0,6632
Silice	0,0900	Silice	0,0900
Perte	0,1184	Perte	0,1184
TOTAL des sels par litre d'eau. . .	2,7800	TOTAL des sels par litre d'eau. . . .	3,5372

Les eaux de Ternant sont très-gazeuses. Elles ont une grande réputation dans les cantons de Saint-Ger-

---

(1) Cette eau nous a été envoyée par M. Cusson, pharmacien à Saint-Germain-Lembron.

main-Lembron, d'Ardes, d'Issoire et de Champeix.

Les médecins les prescrivent aux malades affectés de dyspepsie, d'engorgements des viscères abdominaux, de fièvres intermittentes rebelles au quina, de chlorose ou de phlegmasies chroniques des muqueuses génito-urinaires.

THIERS.

La fontaine minérale du Breuil naît au pied des rochers placés sur la rive gauche de la Durole, au bord d'un petit ruisseau, près du hameau du Breuil, non loin de la ville de Thiers. Comme elle est entourée de prairies, elle est souvent altérée par son mélange avec les eaux d'irrigation.

L'eau du Breuil est froide, acidule et ferrugineuse. Son odeur, lorsqu'on l'agite, ressemble à celle des œufs pourris. Une pièce d'argent soumise, pendant un certain temps, à l'action de ce liquide, prend une teinte bronzée, ce qui dénote la présence d'une quantité minime d'hydrogène sulfuré (1).

Ce liquide minéral est limpide et transparent, légèrement onctueux au toucher. Conservé, même en vases clos, il laisse déposer la plus grande partie du sel martial qu'il tient en dissolution au moment où on le recueille à la source. Les dégagements d'acides car-

---

(1) Voyez l'Essai sur la ville de Thiers (Manuscrits de la Bibliothèque de Clermont Ferrand.)

bonique et sulfhydrique qui le traversent, augmentent lorsque le temps est à l'orage. Le bassin est tapissé d'un sédiment ocreux très-léger.

Si l'on évapore un litre de l'eau du Breuil, on obtient un résidu pesant 0,16 grammes; il se compose presque en totalité de carbonate de fer et de matière organique. Il est probable qu'une partie de cette matière organique est combinée à une quantité minime de fer.

Cette eau contient, en outre, des traces de carbonates de soude et de chaux.

Puisée à la source, l'eau du Breuil peut être administrée comme tonique aux chlorotiques et aux personnes affectées de gastralgies.

Transportée au loin, elle perd ses propriétés thérapeutiques.

TRIMOULET, voyez MONTFERMY.

VAREILHE, voyez BROMONT et CHAPDES-BEAUFORT.

VERNET (LE).

« A demy quart de lieuë du Vernet, près de Saint-Nectaire, en allant au Mont-d'Or, dans un vallon ouvert à l'Orient, on trouve une source assez abondante, couverte d'une petite voûte en forme de chapelle, au-devant de laquelle les gens du païs ont placé l'image de sainte Marguerite dans une petite niche creusée dans la muraille, d'où vient le nom qu'ils donnent à cette source; on en boit comme de l'eau d'une fontaine ordinaire, et on ne lui reconnaît d'autre propriété que celle de donner de l'appétit. Cette eau est aigrette et vineuse (1). »

Elle contient, au dire de Chomel, 0,159 grammes de sels par litre de liquide.

Buc'Hoz assure qu'elle est bonne pour guérir les coliques et les maladies cutanées, et Piganiol veut qu'on la prescrive aux malades affectés de fièvres, d'indigestions, de maux de tête, de gravelle, de chlorose et d'hydropisie (2).

VERNINES-AURIÈRES.

M. Mercier, de Rochefort, nous a signalé l'existence d'une source minérale acidule sur la côte d'Aurières, au-dessus du moulin de Neuville. On lui a donné, dans le pays, le nom d'Eau Salée (Font-Salade).

VIC-LE-COMTE, voyez SAINT-MAURICE.

VOLVIC.

A droite de la route qui conduit de Riom à Volvic, et immédiatement avant d'arriver au chemin de traverse conduisant de cette dernière ville à Crouzol et à Enval, il existe un petit colombier dont la base

---

(1) Chomel, page 336.
(2) Piganiol, Nouvelle description de la France.

repose sur un massif de travertins. Des cavernes ont été creusées au-dessous de ce massif, et on en a retiré, comme au plateau Saint-Martial (Martres-de-Veyre), des ossements humains.

Des suintements et des filets d'eau minérale ferrugineuse et acidule se font jour dans un petit ruisseau qui baigne les parties déclives des calcaires incrustants, et l'on voit au-dessus du colombier, des terrains incultes traversés par des dégagements d'acide carbonique. Ces dégagements deviennent apparents lorsque ces terrains sont accidentellement recouverts d'eaux pluviales.

BIBLIOGRAPHIE.

Vᵉ siècle. Sidoine Apollinaire. Liv. V. Epist. XIV.

Dans sa xɪvᵉ lettre, Sidoine écrit à son ami Aper, au moment où celui-ci voyage dans les montagnes de l'Arvernie, et non loin de sources thermales sortant des pierres ponces en faisant entendre un bruit caverneux. Savaron et Sirmond disent que ces sources sont celles de Chaudes-Aigues : M. Bertrand assure que ce sont celles du Mont-d'Or; d'autres enfin prétendent que ce sont celles de Royat.

Les lecteurs qui désirent connaître à fond cette question, devront étudier et peser les arguments de M. Bertrand. Nous n'avons qu'une seule observation à ajouter à la dissertation publiée par notre confrère (1).

Au Mont-d'Or, on trouve en abondance des pierres ponces dans le voisinage des sources thermales. Ces ponces manquent à Chaudes-Aigues et à Royat.

Voici, du reste, le texte de la lettre de Sidoine :

« *Calentes nunc te Baiæ, et scabris cavernatim ructata pumicibus aqua sulphuris, atque jecorosis ac phthisiscentibus languidis medicabilis piscina delectat? An fortasse montana sedes circum castella, et in eligenda sede perfugii, quamdam pateris ex munitionum frequentia difficultatem? Quidquid illud est, quod vel otio, vel negotio vacas, in urbem tamen, ni fallimur, Rogationum contemplatione revocabere.* »

_____

(1) Voyez son ouvrage sur les eaux minérales du Mont-d'Or.

1576. Belleforest. Nouvelle édition de la Cosmographie universelle de tout le monde, de Munster. Paris.

Cet auteur cite les eaux de Saint-Alyre et les bains
de Saint-Mart.

1605. Jean Banc. La Mémoire renovvellée des mer-
veilles des eavx naturelles en faueur de nos
Nymphes Françaises, etc. Paris.

Les eaux de la Basse-Auvergne, étudiées par le médecin de Moulins, sont celles de Vic-le-Comte (Saint-
Maurice), de Saint-Myon, de Médague, de Pontgibaud,
de Chamalières, de Besse, des Martres-de-Veyre, de
Clermont, du Mont-d'Or, du puy de la Poix, du Bernet
(Vernet), et de Saint-Floret. L'ouvrage de Jean Banc
est fort curieux et plein d'érudition.

1614. Jehan Landrey. Hydrologie ov discovrs de l'eave.

Landrey dit quelques mots des eaux de Vic-le-Comte.
Orléans.

1616. Fernand de Villefont. Bref discours des fontaines de Vic-le-Comte. Lion.

Cet ouvrage n'est point à la bibliothèque de Clermont; nous ne l'avons pas lu.

1675. Duclos. Observations sur les eaux minérales
de plusieurs provinces de France. Paris.

Ce médecin, dans le travail qu'il a présenté à l'académie des sciences, parle des qualités physiques et chimiques des eaux de la Bourboule, du Mont-d'Or, de Vic-
le-Comte, des Martres-de-Veyre, de Jaude, de St-Pierre,
de Châtelguyon, de Besse, de Chanonat, du Vernet, de
Saint-Myon, de Saint-Floret, de Pontgibaud et de Jose.

Les descriptions de cet auteur sont très-incomplètes, ses expériences chimiques sont insignifiantes. Elles sont reproduites dans l'ouvrage de Chomel.

1707. Guy Patin. Lettres choisies, tom. 1, pag. 166, 168, 359, 366; tom. 2, pages 148, 162, 429, 430; tom. 3, pag. 158. La Haye.

Ce médecin s'occupe dans ses lettres des propriétés thérapeutiques des sources de Saint-Myon et de Vic-le-Comte (Saint-Maurice). Il assure que les eaux minérales de Saint-Myon ont été prescrites au cardinal Mazarin pendant qu'il avait la goutte.

1734. Chomel (J.-F.). Traité des eaux minérales, bains et douches de Vichy. Clermont-Ferrand.

Chomel décrit les eaux de Vichy, de Clermont, du Mont-d'Or, de la Bourboule, de Saint-Nectaire, du Vernet, de Chanonat, de Besse, de Beaurepaire et de Saint-Mart. Son livre commence par les Recherches de Duclos.

1744. Lemonnier. Observations d'histoire naturelle. Mémoires de l'Académie des sciences de 1740.

1748. Ozy. Analyse des eaux minérales de Saint-Alyre. Clermont-Ferrand.

1768. Monnet. Traité des eaux minérales. Paris.

Voyez aussi l'ouvrage d'histoire naturelle de Buc'Hoz. Monnet est le premier médecin qui ait étudié les sources de Bard et de Beaulieu.

1774. Raulin. Traité analytique des eaux minérales. Paris.

1778. Desbrest (père). Traité des eaux minérales de

Châteldon, de celles de Vichy et d'Haute-Rive en Bourbonnais. Moulins.

C'est à M. Desbrest que l'on doit la découverte des eaux de Châteldon, qui sont devenues la propriété de sa famille.

1788. Brieude. Observations sur les eaux thermales de Bourbon-l'Archambault, de Vichy et du Mont-d'Or. Paris.

1787 et 1788. Legrand-d'Aussy. Voyage fait en 1787 et 1788 dans la ci-devant Haute et Basse-Auvergne. Paris, an III de la République.

Voici le catalogue des fontaines minérales du département du Puy-de-Dôme, qui sont citées par ce voyageur : La Chons, Sagnetat, la Bécherie, Bards, Arlanc, Sosse (Saul?), Saint-Floret, Saint-Amant-Roche-Savine, La Fayolle, Jaude, Saint-Pierre, Sainte-Claire, Saint-Alyre, Lagarde (Clermont), Saint-Mart, Montaigut-Le-blanc (Grandeirol), Mont-d'Or, la Villetour, Sainte-Marguerite-du-Vernet, Saint-Nectaire, Pontgibaud (Bromont), Sauriers, Lains, Ste-Marguerite, et le Gravier (Saint-Maurice), le Tambour ou Cornet (Martres-de-Veyre), Médague, les Cornets et Font-Salade (Glaine-Montaigut), Saint-Myon, Gimeaux, Châtelguyon, Enval, Chapdes-Beaufort, Chalusset, Montpensier, Barbecot et la Bourboule.

1796. Buc'Hoz. Histoire naturelle de la ci-devant province d'Auvergne, extraite de la collection générale. Paris.

C'est une compilation assez mal digérée de tout ce qui a été écrit avant cet auteur.

1799. Vauquelin. Analyse des eaux minérales d'Auvergne. Annales littéraires de l'Auvergne, 1844, pag. 96.

> Ce chimiste donne dans ce mémoire une analyse incomplète des eaux de Saint-Alyre, de Saint-Mart et de Jaude.

1805. Delarbre. Notice sur l'ancien royaume des Auvergnats, et sur la ville de Clermont. Clermont-Ferrand.

1809. Vallet. Analyse des eaux thermales et minérales de Châteauneuf. Riom.

1811. Bouillon-Lagrange. Essai sur les eaux minérales. Paris. — Compilation incomplète.

1814. *Anonyme*. Dictionnaire topographique des communes du département du Puy-de-Dôme. Clermont-Ferrand.

1821. Niquevert. Lettres sur le Mont-d'Or. Mémorial universel, livraison 68. Paris.

1822. *Anonyme*. Dissertation sur l'arcade et le mur formés par les eaux minérales de Saint-Alyre, par M. A. D. P. 2ᵉ édition.

> La première édition a été imprimée à Clermont-Ferrand, en 1768. C'est un mémoire rempli de théories surannées.

1822. Berthier. Analyses des eaux minérales du Mont-d'Or et de Saint-Nectaire. Annales des mines, 1822, tom. VII, pag. 201 et 219.

1823. Bertrand (Michel). Recherches sur les propriétés physiques, chimiques et médicinales des eaux du Mont-d'Or. Clermont-Ferrand.

> Monographie complète bien écrite et bien pensée.

1825 Berzelius. Analyse des eaux de Carlsbad. Annales de chimie et de physique, tom. 28.

> Il est question dans ce mémoire des travertins du Mont-d'Or, de Saint-Alyre et de Saint-Nectaire.

1828. Lecoq (H.). Recherches sur les eaux minérales de la Bourboule. Annales d'Auvergne, tom. 1, pag. 257.

1828. Boullay et Henry. Analyse de l'eau de Saint-Nectaire. Annales d'Auvergne, tom. 1, 1828, pag. 232.

> Il s'agit des eaux de l'établissement Boëte. Le travail de MM. Henry et Boullay a été primitivement inséré dans le journal de pharmacie. Cette analyse n'est pas exacte; elle ne parle point du carbonate de chaux que contiennent les eaux de M. Boëte, et ces eaux sont incrustantes.

1829. Fournet. Annales d'Auvergne, 1829. p. 241.

1830. Lecoq (H.). Observations sur la source incrustante de Saint-Alyre. Clermont.

1830. Peghoux. Annales d'Auvergne, tom. III.

> Ce médecin s'occupe, dans un rapport fait à l'académie, d'un squelette humain trouvé sous une couche peu

épaisse des travertins du plateau Saint-Martial (Martres-
de-Veyre), et de deux petites sources minérales. L'une
d'elles a été analysée par M. Aubergier père.

1831. Lecoq (H.). Analyse des eaux minérales de
Sainte-Claire. Annales d'Auvergne, 1831,
août.

1831. Blondeau et Henry. Analyse des eaux minérales de Pontgibaud. Journal de pharmacie,
1831, tom. XVII.

> Ces chimistes publient sous ce titre l'analyse des eaux
> de Javel ou Javelle et de Châteaufort.

1832. Duvernin de Montcervier. Environs de Vic-
le-Comte. Annales d'Auvergne, 1832, t. V.

1832. Chevallier. Notice sur les eaux minérales thermales de Saint-Mart. Journal de chimie médicale, pag. 678 (1).

1834. Salneuve. Essai sur les eaux minérales de Châteauneuf et sur leurs propriétés physiques, chimiques et médicinales. Gannat.

1835. Lecoq (H.) Le Mont-Dore et ses environs.
Clermont-Ferrand.

> Ce livre contient une élégante description des envi-
> rons du Mont-d'Or.

1836. Girardin. Analyse chimique des eaux minérales

---

(1) Nous n'avons pas lu ce mémoire.

de Saint-Alyre et des travertins qu'elles déposent. Compte-rendu des travaux de l'Académie de Rouen. Rouen, 1836.

Voyez aussi les Annales de l'Auvergne, 1837,
pag. 121.

1837. Bravard-Deriols. Thèses de Paris, n° 338.

Propriétés médicinales des eaux minérales
d'Arlanc.

L'analyse de ces eaux a été faite par le chimiste
Barruel.

1837. Patissier et Boutron-Charlard. Manuel des
eaux minérales naturelles. Paris.

C'est un des meilleurs traités généraux que nous pos-
sédions ; mais il est très-incomplet en ce qui concerne
les eaux minérales du département du Puy-de-Dôme.

1838. Lecoq (H.). Recherches analytiques et médicinales sur les eaux minérales de Grandrif.
Clermont-Ferrand.

L'analyse de ces eaux a été faite par M. Baudin, ingénieur des mines.

1838. Mérat. Manuel des eaux minérales du Mont-
d'Or. Paris.

1839. Michel Bertrand. Observations adressées à
l'Académie royale de médecine, touchant le
rapport sur les eaux minérales de France pour
les années 1834, 35 et 36. Clermont.

1839. Desbrest (Em.-M.). Nouvelles recherches sur

les propriétés physiques, chimiques et médicinales des eaux de Châteldon. Moulins.

L'auteur rapporte plusieurs analyses, èt entre autres,
celle qui a été faite par MM. Boullay et Henry.

1840. Salneuve. Découverte de trois sources minérales à Châteauneuf. Annales d'Auvergne ,
tom. XIII, pag. 232.

1840. Barse (J.). Châtelguyon et ses eaux minérales.
Riom.

1842. Bertrand, de Pont-du-Château. Notice sur les
eaux minérales en général, et en particulier
sur celles de Médague et de Saint-Alyre. Annales d'Auvergne, pag. 33.

1843. Rigal. Notice sur les eaux minérales et médicinales de Saint-Nectaire. Clermont.

1843. Aguilhon. Note sur l'action thérapeutique des
eaux minérales de Châtelguyon. Annales de
thérapeutique de Paris.

1843. M. E. T. Royat, ses eaux et ses environs.
Clermont.

1844. Fléchier. Mémoires sur les Grands-Jours tenus
en 1665 et 66. M. Gonod, éditeur. Clermont.

Fléchier dit un mot des eaux de Royat.

1844. Michel Bertrand. Note sur des antiquités découvertes au Mont-d'Or. Clermont-Ferrand.

1845. Pierre Bertrand. Royat et le Mont-d'Or. Annales d'Auvergne, 1845, pag. 321.

1845. Michel Bertrand. Note sur l'orthographe du nom du village du Mont-d'Or. Annales d'Auvergne de 1845, pag. 354.

1845. Donné. Journal des Débats, 28 octobre 1845. Feuilleton. — Les bâins de mer, de Biarritz, les eaux de Cambo, le Mont-Dore, Vichy et Néris.

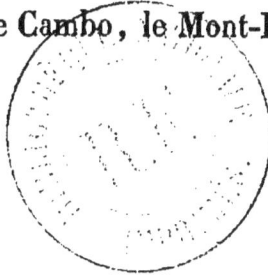

NOTES ET RECTIFICATIONS.

Page 6, *ligne* 15 : De substances salines par litres... *lisez :* De substances salines par litre...

AIGUEPERSE et CHAPTUZAT. — *Page* 12, *ligne* 10 : Formées avant, et les secondes après... *lisez :* Formées après, et les secondes avant...

AUGNAT. — *Page* 17, *ligne* 10 : Première source ; elle renferme... *lisez :* Première source. Cette eau renferme...

BEAUREGARD-VANDON. — *Page* 18, *ligne* 24 : D'un plancher, au-dessus duquel une pompe aspirante et foulante, sert... *lisez :* D'un plancher au-dessus duquel est placée une pompe aspirante et foulante, qui sert...

BEAUREPAIRE, voyez CLERMONT ; *lisez :* BEAUREPAIRE, voyez ROYAT et CHAMALIÈRES.

CHATELDON. — *Page* 52, dans le *nota* : Bicarbonate de calcium ; *lisez :* Bicarbonate d'oxide de calcium.

Page 55, *ligne* 12 : De leur bicarbonate de fer et de chaux ; *lisez :* De leurs bicarbonates de fer et de chaux.

CLERMONT-FERRAND. — *Page* 84, *ligne* 16 : Une petite cabane couverte à paille... *lisez :* Une petite cabane couverte de chaume...

Page 89, *ligne* 22 : Sources des bains ; *lisez :* Source des bains.

DORE-L'EGLISE. — *Page* 112, *ligne* 2 : Celle qui est désignée par Legrand-d'Aussy et l'auteur ; *lisez :* Celle qui est désignée par M. Bouillet et par l'auteur...

Page 112, *ligne* 9 : FONT-SAULCE ; *lisez :* FONT-SAULSE.

GRANDEYROL. — *Page* 115, *ligne* 7 : Font-Saulce... *lisez :* Font-Saulse...

GRANDRIF. — *Page* 116, *ligne* 26 : Médicinales de Grandrif... *lisez :* Médicinales sur l'eau de Grandrif...

MARTRES-DE-VEYRE et SAINT-MAURICE. — *Page* 129, *ligne* 25 : Source de Sainte-Marguerite... 5,100 ; *lisez :* Source de Sainte-Marguerite... 5,500.

Page 142, *lignes* 19 *et* 23 : 540 centigrammes; *lisez* : 550 centigrammes.

MONT-D'OR. — *Page* 153 : « En s'appuyant sur les tables de
Peutinger et sur la forme des ruines trouvées au Mont-d'Or, on
peut supposer, avec quelque vraisemblance, que les anciens
thermes ont été construits par les Romains... » Nous avons omis
de dire que ce passage est extrait de l'ouvrage de M. Bertrand.

Danville ne partage point l'opinion du médecin-inspecteur
des eaux du Mont-d'Or, en ce qui concerne l'interprétation des
tables de Peutinger ; il croit que les *aquæ calidæ* de l'ancien
géographe sont les eaux de Vichy. Ce qu'il y a de certain, c'est
que les eaux chaudes *(aquæ calidæ)* de Peutinger se trouvent
placées, comme Vichy, sur la route de Lyon à Clermont *(Au-
gusto-Nemetum)*. (Voyez Danville, Notice sur l'ancienne Gaule,
1760.)

Page 154, *ligne* 26 : Du Panthéon sont au-dessous de la place...
lisez : Du Panthéon sont sous la place...

ROYAT et CHAMALIÈRES. — *Page* 198, *ligne* 13 : Des vignobles
et des marronniers... *lisez :* Des vignobles et des châtaigniers...

Nota. Dans quelques endroits nous avons écrit le poids des
sels ainsi qu'il suit : 0,111 gram. ; le chiffre placé à gauche de
la virgule, représente, dans ce cas, l'unité gramme. Voyez
CHANONAT, THIERS et VERNET.

Clermont, Imp. de Thibaud-Landriot frères.

www.ingramcontent.com/pod-product-compliance
Lightning Source LLC
Chambersburg PA
CBHW070253200326
41518CB00010B/1778

* 9 7 8 2 0 1 3 7 6 0 6 3 8 *